ZI RAN QI GUAN

内蒙古旅游文化丛书

主　编：马永真　乔　吉
副主编：毅　松　金　海

内蒙古
自然奇观

冯军胜　编著

内蒙古出版集团　内蒙古人民出版社

图书在版编目(CIP)数据

内蒙古自然奇观/冯军胜著. －呼和浩特:内蒙古人民出版社,2013.12
(内蒙古旅游文化丛书)
ISBN 978－7－204－12622－4

Ⅰ.①内… Ⅱ.①冯… Ⅲ.①自然地理－内蒙古 Ⅳ.①P942.26

中国版本图书馆CIP数据核字(2013)第290411号

内蒙古自然奇观

编　　著　冯军胜
责任编辑　李　杰
封面设计　宋双成　李　琳
责任校对　杜慧婧
出版发行　内蒙古出版集团　内蒙古人民出版社
地　　址　呼和浩特市新城区新华大街祥泰大厦
印　　刷　内蒙古爱信达教育印务有限责任公司
开　　本　920×1300　1/32
印　　张　6.5
字　　数　210千
版　　次　2014年1月第1版
印　　次　2014年1月第1次印刷
印　　数　1－4000册
书　　号　ISBN 978－7－204－12622－4/G·2739
定　　价　21.00元

总 序

内蒙古自治区位于中华人民共和国北部边疆，与黑龙江、吉林、辽宁、河北、山西、陕西、宁夏、甘肃八个省、自治区毗邻，北部和东北部与蒙古国、俄罗斯接壤，有4200多公里的国境线。面积有118.3万平方公里，占全国总面积的12.3%，在全国省区中面积仅次于新疆和西藏，居第三位。在这广阔的地域上居住着蒙古、汉、回、满、达斡尔、鄂温克、鄂伦春、朝鲜、俄罗斯等诸多民族的人民，其中蒙古族是自治区实行区域自治的民族。

内蒙古地区主要是高原地带，大部分地区均在海拔1000米以上，这里有东北部的呼伦贝尔高原、北部的锡林郭勒高原、中北部的乌兰察布高原、西部的巴彦淖尔至阿拉善高原、西南部的鄂尔多斯高原。

内蒙古的戈壁、沙漠早已闻名于世。阿拉善高原的巴丹吉林沙漠是我国三大沙漠之一，巴彦淖尔到阿拉善高原的腾格里沙漠、巴音温都尔沙漠、乌兰布和沙漠、鄂尔多斯高原的库布其沙漠都是举世闻名的荒漠景观。

内蒙古是一个多山脉的地区。历史地理学家亦邻真教授对内蒙古地区的主要山脉有这样的描述：纵贯自治区东半部的大兴安岭、横亘中部的阴山山脉和西南部的贺兰山脉。这些山脉山岭绵亘，延续不断，长达2600多公里，形成了内蒙古高原的地貌脊梁。大兴安岭以洮儿河为界，分南北两段，北段约长670公里，有伊勒呼里山、雉鸡场山等，南段又称苏克斜鲁山，长约600公里。阴山山脉包括大青山、乌拉山、色尔腾山和狼山。贺兰山脉长270公里，主峰达胡洛老峰高3556米，是内蒙古最高的山峰。

内蒙古有许多河流。黄河自宁夏石嘴山流入内蒙古，又从内蒙古准格尔旗榆树湾流出内蒙古辖境，这段干流长达 830 公里。黄河大小支流在内蒙古鄂尔多斯高原、河套平原和土默特平原上有乌加河、昆都仑河、大黑河、浑河、乌兰木伦河、红柳河等等。中部地区有永定河的上游和滦河的支流。正蓝旗境内的上都河就是滦河的上游，长约 254 公里，元上都遗址在上都河北岸。在东部区辽河上游西辽河的主要支流都在内蒙古赤峰和通辽地区。嫩江是内蒙古东部最大的河流，它的重要支流都在内蒙古东北部。黑龙江的上段额尔古纳河，长达 540 公里，经呼伦贝尔草原西部和北部蜿蜒汇入黑龙江。

内蒙古地区具有世界上罕见的富饶的天然牧场，这里的草原像亚欧中部和南美洲、北美洲的草原一样，都是极好的畜牧基地。它在我国五大草原中居于首位，面积达 88 万平方公里以上，超过全区土地面积的 74%。当春光明媚的季节来临时，这里的草原分外美丽，在蓝天白云的下面，一碧千里，无边无际。

在内蒙古一望无际的大草原中间，既有明镜似的大湖，也有星罗棋布的小泊和碧水澄清、芦苇丛生的海子。呼伦湖是内蒙古最大的淡水湖，蒙古语称之为“达赉诺尔”，意为海湖，面积 2200 平方公里，盛产多种鱼类。还有一个贝尔湖，蒙古族称这两个湖为姊妹湖，呼伦贝尔草原即因这两个湖而得名。此外，还有河套平原的乌梁素海、哈素海，察哈尔草原的岱海和黄旗海等海子，克什克腾旗的达里湖，锡林郭勒草原的库勒查干淖尔、额吉淖尔，额济纳旗的居延海（嘎顺淖尔和索果淖尔）等等。

内蒙古的高原地带有广阔无际的平原，内蒙古著名的两大平原即河套平原和土默特平原。自清代以来，尤其是中华人民共和国成立以来，在这两个平原上开辟沟渠，引黄灌溉，形成著名的“塞上谷仓”。此外，内蒙古大兴安岭中段的松嫩平原属于草甸草原或森林平原，发育着肥沃的黑土，适于畜牧和耕作。

在内蒙古有着丰富的矿产资源。很长时间里，“东林西铁，遍地是煤”，这是内蒙古人形容家乡自然资源的引以为自豪的赞美之词。所谓“东林”，是指内蒙古东部呼伦贝尔境内大兴安岭的林区。大兴安岭是内蒙古的绿色宝库，它南起松辽平原，北抵中俄边境，纵横1400多公里。这里有童话般波澜起伏的原始森林，生长着银白色的白桦树，高达30米的“兴安落叶松”，内蒙古人自豪地称：“兴安岭上千般宝，第一应夸落叶松。”兴安岭是落叶松的海洋。所谓“西铁”，是指内蒙古西部包头至白云鄂博，集宁至二连浩特两条铁路沿线的黑色金属矿产之一的铁矿资源，它是钢铁工业的基本原料。包头地区的矿产资源丰富，白云鄂博矿是座举世罕见的多金属共生矿床。铁储量占内蒙古自治区总量的一半，为包钢主要原料；稀土储量居世界首位，被誉为世界“稀土之乡”，为包头钢铁稀土公司的原料基地。所谓“遍地是煤”，是指内蒙古地区煤炭资源分布广泛，煤炭储量8000亿吨。集中分布在呼伦贝尔、通辽、锡林郭勒、赤峰和鄂尔多斯等盟市，几个大煤田的储量占自治区总量的95%以上。上述地方的煤田厚度大，埋藏浅，易于露天开采，国家5大露天煤矿的4个就在其中。东胜煤田的精煤和阿拉善盟的无烟煤（太西煤）以质优著称于世。此外，内蒙古天然气储量1.67万亿立方米，煤层气储量10万亿立方米，石油储量6亿吨以上。风能可开发量占全国一半以上，目前风电装机1670万千瓦，居全国首位。光能资源居全国第二位，稀土储量居全国第一。内蒙古有耕地1.07亿亩，人均4.4亩，居全国首位，牛奶、羊肉、山羊绒、细毛绒等特色优势畜产品产量多年来居全国第一位。

在我国历史上，内蒙古地区是一个有许多北方少数民族聚居，创造了丰富多彩的草原文化的地区。经过多年研究，我们提出的草原文化同黄河文化、长江文化一样，是中华文化的主源之一，是其重要组成部分，是其发展的重要动力源泉的基本观点，已经得到各界的认同。内蒙古是中国北方草原文化主要发祥地和传承地，在历史的长河中，北方众多的草原民族在这里一个接一个地演出了有声有色的历史剧，对中国历史和人类文化宝库做出了重要贡献。旅游业是反映和展现历史文化宝库的一个窗口，从这个窗口我们可以看到昔日富有特色的文明史，独具魅力的人文景观，雄伟壮丽而奇秀多姿的大自然，丰富多彩的各民族文化的交往、渗透及其内涵。具体到草原文化的荟萃之地内蒙古来说，文化宝库的这个窗口不仅重要，而且最直接反映了内蒙古草原文化的丰富内涵。所以我们说，它确有得天独厚的诱惑力。2013 年 3 月内蒙古自治区党委确定的“8337”发展思路中，提出要建设“体现草原文化、独具北疆特色的旅游观光、休闲度假基地”，为内蒙古旅游业的发展指明了方向。我们编写这套《内蒙古旅游文化丛书》正是贯彻、响应“8337”发展思路，助推内蒙古文化旅游大发展的一个重要举措。

古人说：“读万卷书，行万里路。”对古人来说“行万里路”是非常艰难的事，然而对今天的人类而言行万里路已不再是困苦之事。今天，旅游已经成为人们生活中不可或缺的内容之一。在我国历史上，许多中原地区的官员、学者、文人墨客以及西方探险家们，都曾怀着各种不同的愿望，到内蒙古地区考察观光，并把他们的所见所闻记录下来，流传于后世。史学家把这些所见所闻的记录称之为“行记”，用今天的话来说也就是“旅行记”吧。毫无疑问这些“旅行记”是了解古代内蒙古地区历史文化遗产的珍贵史料。然而由于当时的条件，这些“旅行记”存在着历史时空的局限，流传面窄，一般读者很难看到；另外有些“旅行记”并非印本，只是一代一代靠传抄留世，所以讹误甚多，寻找和阅读均非易事，尤其对一般旅游爱好者来说，甚为不便。我们想，“读万卷书”和“行万里路”同等重要，不仅需要通过旅游——“行万里路”获得感性认识，而且需要通过读书获得理性认识。我们编著《内蒙古旅游文化丛书》的目的，在于尽可能深入挖掘和全面系统地整理内蒙古的旅游资源，更好地提供为内蒙古旅游业服务的新优佳旅游文化产品。当然，我们在编写过程中注意到，内蒙古素有“中华文明曙光升起的地方”、“北方游牧民族的摇篮”的美誉，承载了内涵丰富、特色浓郁、建构完整的草原文化，所以，丛书特别注意了历史与现实主旋律的有机结合。因为在内蒙古这块土地上生活的各民族人民的历史活动是中华民族历史的一个重要组成部分，蒙古民族的历史活动，对于世界历史产生了巨大、深远的影响。正因为有如此恢弘的历史，在他们悠久的文明史上产生了多元、多层次的文化积淀形态，这种文化积淀形态直到今天仍然是中华民族优秀传统文化中最具魅力的文化瑰宝之一。

为此，《内蒙古旅游文化丛书》的内容，依然以内蒙古地区是中国北方草原文化发祥地、传承地这一历史特色为主，将与草原文化相关的人文景观、自然景观、名胜古迹、风物民俗等方面分成十三个专题，以专题分册，图文并茂，专述专论，以此呈现内蒙古各民族历史文化之真实，以飨读者。

《内蒙古旅游文化丛书》是 2002 年提出并实施编著工作的，作为内蒙古社会科学院年度重点课题之一，其倡议者是时任内蒙古社会科学院院长刘惊海教授。这套丛书的总设计和策划归功于他。该丛书由内蒙古人民出版社在 2003 年出版后，产生了良好的社会效应。2012 年，经内蒙古人民出版社与内蒙古社会科学院商定，予以重新编撰出版。参与初版编写和新编丛书的作者群，以内蒙古社会科学院的中青年学者为核心，同时邀请了内蒙古大学、内蒙古财经大学、内蒙古自治区民委、内蒙古文物考古研究所、呼和浩特市人大常委会和呼和浩特博物馆等单位的数位专家学者参与。此次《内蒙古旅游文化丛书》的新编部分分别由一位或几位作者执笔，这些作者都是在各自学科领域中有专长、有建树的专家学者。为了丰富本丛书内涵，这些作者以可信的历史资料为凭据，涉猎中外游记、考古方面的众多文献，并佐之以深入实地调查、民间采风，从而使之成为融历史真实性与科学性、知识性与趣味性为一体的旅游文化读物。本丛书坚持普及与提高相结合，并加入触景生情引发出的民间故事、神话传说与人物典故，从而达到扩大旅游者对内蒙古的感性认识和理性认识的目的，成为旅行者随身携带的导游手册，成为放入行囊带给亲友的一份厚礼。我们认为，这是此套丛书的独到之处。当然，由于时间仓促，水平有限，丛书中也许会存在一些问题，如，在旅游知识的深度和广度，内容的相互衔接，表述风格的一致等方面，尚有待于提高。

新编《内蒙古旅游文化丛书》是首次出版发行的以内蒙古地区历史和文化为主要内容的旅游文化丛书。我们编写这套《内蒙古旅游文化丛书》，既是为了满足当前国内外旅游业蓬勃发展的需要和旅游者的渴求，也是为建设内蒙古体现草原文化、独具北疆特色的旅游观光、休闲度假基地做一份贡献。我们希望这套丛书，能够成为海内外广大旅游爱好者，包括内蒙古自治区各旅游景区导游工作者在内的旅游系统从业人员，以及高等院校、中等专业学校旅游专业的师生等广大读者喜爱的读物，我们认为这是极有意义的工作。我们作为本套丛书的主编，感到十分荣幸。受到内蒙古人民出版社和丛书诸位编著者的委托，当这套丛书新编出版之际，写了上面一些话，权以为序。

马永真　乔吉

2013 年 11 月于内蒙古社会科学院

前　言

一位哲人说：不用说，那使我联想到世界起源的森林是一件美好的东西；不用说，千年不变的岩石是一件美好的东西；不用说，被太阳照成千万颗明丽的金刚石的水珠也是美好的东西；不用说，那冲破深山的岑寂，给我的灵魂带来一股强烈的震动和暗暗的惊悸的泉声也是美好的东西。

在中国正北方就有这样一块神奇的土地，那就是——富饶而美丽的内蒙古。内蒙古地处祖国北部边陲，拥有一百多万平方公里的土地，东起大兴安岭，西至甘肃合黎山；北与蒙古国相连，南抵阴山山脉和贺兰山山脉。雄浑的内蒙古高原赋予她丰富的资源，森林、湖泊、草原养育着北方二千多万十多个民族的儿女。

提起内蒙古，也许你会想到“八月胡天即飞雪”，想到“大漠孤烟直，长河落日圆”。然而，在这片广袤无垠的土地上，在那蓝天白云下，有着无数的奇山异水。它有别于南国的景致，也有别于中原的风景。她有落日胡尘西风塞马的昔日情愫，更有叠嶂西驰万马回旋的磅礴气势。它雄浑、苍茫，浸透着北方民族文化的汁液。

打开这本书，走进内蒙古。那巍峨雄壮的山岭，蜿蜒奔腾的长河；那烟波浩渺的湖泊，辽阔美丽的草原；那浩瀚无垠的戈壁，奇特峻峭的岩石……伴随着悠悠的马头琴声，讲述着一个个古老而又神奇的故事。她告诉我们，这里的风光一样旖旎，这里的景色令人陶醉。让我们怀着一片崇敬，怀着一分震撼，去寻找那永远不能忘怀的美好东西。

当然，在我们欣赏《内蒙古自然奇观》的时候，应该提及的是为我们提供大量珍贵图片的作者。在此谨向摄影家们表示诚挚的谢意。

编著者

2012 年 5 月

目 录

山——登高壮观天地间

SHANDENGGAOZHUANGGUANTIANDIJIAN

云是雾气的山
山是石头的云——
时间是梦里的一个幻想

风光旖旎的阿尔山

阿尔山位于内蒙古自治区兴安盟林区西北部，西与蒙古国接壤，东面是扎兰屯市和扎赉特旗，南面为科尔沁右翼前旗。境内有樟松岭自然保护区，有铁路和202国道通往兴安盟行署所在地乌兰浩特以及吉林省的白城市。

阿尔山地处群山叠翠的大兴安岭腹地，气候清爽，风光旖旎，为著名的疗养胜地。这里的建筑极具林区特色，红、白、黄各色建筑错落有致，散布在镇中的山坡上。特别是那些全部用木材建造的各式民居，风格古朴典雅，环绕在青山绿水中，更有一种动人的韵致。市中随处可见亭台楼榭、小桥流水、奇花异树。举目四望，碧空如洗；侧耳倾听，鸟声清越。整个城市极为宁静、安详，坐落在奇丽的山光水色中。

环绕在万山丛中的阿尔山，境内有属于大兴安岭山脉的众多雄伟壮丽的山峰：海拔1506米的鸡冠山、1436米的大黑山、1396米的温德根乌拉山、1337米的阿西各特乌拉山、1334米的沙尔敖瑞山。山上森林茂密，以兴安落叶松、桦树为主，蓄积量达3400万立方米，

是内蒙古自治区主要的木材产地之一。林中动植物资源丰富，盛产灵芝、党参、柴胡、北沙参等40多种中药材，马鹿、狍子、野猪、水獭、紫貂出没在山林深处，丹顶鹤、兴安鸳鸯在河边湖畔尽情嬉水。

阿尔山有众多的河流和湖泊，山泉四溢成池，著名的阿尔山温泉疗养院就建在这里。方圆1公里，共汇聚了大大小小的温泉42处。温泉激珠溅玉，日夜喷涌，雾气蒸腾。整个温泉群分为冷泉、温泉、热泉、高温泉四种类型，这在国内外是罕见的。即使是相隔只有1.5米的两个泉眼，水温却相差10℃。阿尔山温泉不仅温度有差异，治疗疾病的部位也不相同，有“头泉”、“脚泉”、“胃泉”、“五脏泉”等等。据测定，阿尔山温泉中含有氯、镁、锶、锰等几十种矿物质和放射性元素，特别是放射性气体——氡的含量较高，对人体的运动系统、消化系统、神经系统的疾病及慢性妇科疾病、皮肤病均有良好的疗效。

阿尔山，并非山名，而是蒙语中“圣水”的意思。阿尔山温泉，位于大兴安岭西麓内蒙古兴安盟科尔沁右翼前旗的阿尔山市，距中蒙边境不远。

关于阿尔山温泉，还有一个优美的传说。很久以前，有一位猎人在阿尔山打猎。一天，他打伤了一只美丽的梅花鹿，这只梅花鹿带着伤挣扎着向前跑去，猎人紧紧跟随，一直追到了一湾泉水边。只见梅花鹿纵身跳入泉水中，不一会儿，又从泉水中猛然跳出，伤口已经神奇地痊愈，然后飞驰而去。猎人十分奇怪，就把这件事情报告给了王爷。狠心的王爷为了验证此事，就叫手下的人砍伤了猎人的腿，然后投入泉水中。猎人的伤经过泉水浸泡后，很快就完好如初。于是温泉能治病、治伤的消息不胫而走，传遍了四面八方，各地的人们争相前来温泉洗浴治疗，并且给温泉起了一个名字“阿尔山”，在蒙语中是“圣水”的意思。又传，北宋雍熙元年（984年），宋太宗赵光义患病，久治不愈，闻知阿尔山有一“神泉”，即令修御道，以便从京城到阿尔山沐浴。奄奄一息的赵光义在泉水中洗浴了14天之后，病体痊愈，龙颜大悦。从此，阿尔山温泉名闻天下。

步入矿泉区，在长500米、宽40米的草地上，密密匝匝排列着48个泉眼。晶莹澄澈的泉水汩汩而出，久旱不涸。有的相隔咫尺，有的相距数丈，温差却大得叫人不敢相信。冷泉只有1℃，温泉不凉不热，高热泉则像滚沸的开水，终年升腾着热气。矿泉的排列形状也极为有趣，像一个南北躺卧的人体形，有“头泉”、“五脏泉”、“脚泉”，细看还能分出“眼泉”、“胃泉”等。传说不同部位的泉水对治疗人体相应部位的器官病变有着神奇的疗效。

据有关部门化验和临床记载，温泉中含有铜、锰、锶、锂、钛、钼、铝、铍、铯、钡等多种微量元素及放射性元素镭、铀，对人体的运动器官、消化器官、心血管系统、神经系统、呼吸系统等疾病均有较好的疗效。特别对风湿病、关节炎、外伤引起的腰腿疼、胃肠病、皮肤病、脱发病等，治疗效果更显著。

阿尔山温泉是大自然对人类的慷慨馈赠，是各族人民的共同财

富。每年盛夏时节，来自大江南北的人们来到温泉沐浴治疗，远近的蒙古族人民也多有自带蒙古包来此沐浴疗养者。傍晚，蒙古包里传出悠扬的马头琴声，人们沉浸在古老的神话传说中。阿尔山温泉附近树多林密，苍松、白桦掩盖山岭，谷内遮蔽不见天日，山珍药材遍地丛生。

从疗养院坐火车40分钟，便可抵达一个素称“十里长安”的小镇——伊尔施。这里是阿尔山林业局所在地。小镇上招待所、旅店、饭店、商店、文化宫、游乐场、影剧院等各类设施齐全。建在南山上的电视卫星地面接收站蔚为壮观，山上绿林丛中掩藏着的亭台楼阁构筑精妙，别有一番情趣。

离伊尔施50公里远的天池林场，山围树掩、绿波浩渺的林海松涛之间却镶嵌着一汪水明如镜的天池，倒映着青山、松柏、怪石，其情其景，妙不可言。这就是阿尔山天池，一个非常神秘的火山湖，位于阿尔山东北74公里天池岭上。它面积不大，水面非常平静，但当地人说，就这么一个小池子，测量300仍不见底，撒进去的鱼苗从来没有生出鱼来，即使活生生的大鱼放进去，也很快悄无声息了，而且久旱不涸，久雨不溢。有人风趣地说天池与地心相通。

阿尔山还有两处十分迷人的风景胜地。一处是怪石雄踞的石塘林，一处是碧波荡漾的松叶湖。前者静，后者动；前者冷峻，后者热情。石塘林，从阿尔山林业局所在地——伊尔施镇出发，乘森林小火车向东行约两个小时就可到达。整个石塘林呈椭圆形，长约四公里，是地表岩石在剧烈的震动中断裂崩塌、板块相撞竖立所造成的一片地质奇观。这里怪石嶙峋，或立或卧，大者有几层楼高，小者可以合掌而握。其中的肖型石尤其让人赞叹，或雄壮如熊、骏马、大象，或俏丽如少女、皓首如老翁，栩栩如生，千姿百态。

从石塘林向东南方前行15公里，就到了松叶湖。松叶湖所在地，林海松涛间大大小小汇聚了上百个湖泊，均属火山堰塞湖，松叶湖是其中最大的一个，南北长约5公里，东西宽约1公里。湖的四岸松树苍翠、青山峭立，倒映在碧蓝的湖水中，更有一种难以言喻的美的韵致。湖上成群的野鸭悠闲嬉水，湖滨梅花鹿轻灵地相逐，整个松叶湖风景如画，一派生机。

此外，阿尔山还有许多风景区。

三潭峡位于阿尔山市东北78公里处，哈拉哈河从河谷穿过，山

谷中有很多火山岩石，散落在河水中，两岸漫山遍野的杜鹃花，每到五月格外漂亮。这一河段六月冰雪尚存，被称为“夏日冰川”。

柴河源大峡谷位于阿尔山兴安林场东南20公里处的原始森林中，由南向北呈W状，长11公里，大峡谷底宽为30～150米，谷深30～130米，每公里落差20米。大峡谷主体为火山熔岩断裂带，由更新世火山喷发的玄武岩岩流经受千百年的水流侵蚀后形成。峡谷中怪石嶙峋，飞瀑跌落，云雾蒸腾，奇景众多，两岸的野生植物物种分布较广，河流从峡谷底流过，河面宽窄不均，时而湍急，时而平缓，整体景观绮丽雄壮。

驼峰岭是因为远远看去像一峰俯卧的骆驼而得名。驼峰岭天池属火山口湖，形成于距今30万年左右时，是一个火山喷发后火山口积水而形成的高位湖泊（俗称天池）。水面海拔1284米，东西宽约450米，南北长约800米，面积为26公顷。凌风俯瞰，形如左足印，湖水清澈湛蓝，湖面倒影连连，很有点九寨沟的感觉。天池周围有大量的浮石，浮石表面布满了像蜂窝一样的小孔，形状各异，有些浮石放在水里不下沉，十分奇特。这里目前已铺设了上下双车道的柏油路，行车非常舒服，原来攀登驼峰岭的小道变成了石板台阶，几个台阶就有一个缓台，登上驼峰岭便可欣赏美丽的天池了。另一条路还能下到天池的边上，可以清楚地看到水底的石头、断木和水草。

与阿尔山天池一样，驼峰岭天池同样是久旱不涸，久雨不溢，甚至水位多年不升不降。没有河流注入，也没有河道泄出，一泓池水却洁净无比。天池中也同样没有鱼虾生存。

摩天岭位于阿尔山市大黑沟的沟头，海拔1711米，为大兴安岭最高峰，口垣留有破火口，形如半环，锥壁陡峭，坡度在40度以上，距今约百万年左右。

阿尔山如一颗璀璨的明珠，镶嵌在大兴安岭的青翠山谷中，美丽的自然风光和原始的生态令人赞叹，宛若一座天然森林公园。无论是冬季观赏雪景的壮丽，还是夏季领略茫茫林海的神奇，阿尔山都是不可多得的好去处。

塞上红山映碧池

在赤峰市区东北隅，一座山峰拔地而起，赭红色的山体在灿烂晚霞的映照下更加妖娆，这就是闻名中外的红山。

红山，蒙古语称“乌兰哈达”，意为红色的山峰。古城赤峰，就是因红山而得名。红山海拔650米，方圆数千公顷，完全由红色的花岗岩构成。红山坐北朝南，长4公里、宽2.5公里。正面看，红山五峰相连，赭身赤脊，紫岩峭壁，棱角分明。悠缓清澈的英金河经由赤峰流到红山脚下，又调头向北，注入辽河上游的老哈河。陡峭的北峰耸立于英金河岸，俯视着脚下的大地。

就是这座山峰，曾孕育了彪炳千古的中国北方新石器时代文化——“红山文化”，使中华文明的曙光在6500年前就穿透蒙昧的暗夜喷薄而出。

6500年前，在奔腾不息的西辽河上游生活着一个古老的民族，经过1500年的生息繁衍，他们创造了辉煌的物质文明和精神文明。20世纪30年代，有学者开始对红山地区的文化遗存进行大规模的考古发掘，并把这种原始文化群命名为“赤峰一期文化”。1930年，著名考古学家梁思永先生也来此进行考察，对红山文化有了较全面的认识。新中国成立后，考古工作者在前人已有成果的基础上，对这类型原始遗存的文化内涵开展了大量卓有成效的工作，取得了一系列重大的科研成果。1954年，我国考古学界以首次发掘地——红山作为这种原始文化的名称，正式命名为“红山文化”。1959年，内蒙古自治区人民政府将红山列入名胜古迹保护单位之一。

近年来，红山文化的考古发现和科学研究取得了一系列震惊世界的巨大成果。以牛河梁女神庙、祭坛、积石冢及翁牛特旗三星他拉“中华第一玉龙”为标志的红山文化，改写了中华文明史，证明早在6500年以前，赤峰地区就已经跨入人类远古文明的门槛。从而将中华文明史向前推进了1500年，“红山文化”因此被誉为中华文明的曙光。

红山悠久的历史和灿烂的文化，一直为后人垂青。清乾隆年间，曾在乌兰哈达兴通街的“关帝庙”内立一石碑，描述红山景色优美、地势雄胜。据清道光八年（1828）重修碑文载：“乾隆四十二年（1777），承德府建立黉官，易乌兰哈达为赤峰县。于是人文蔚起，庶民殷富，商贾辐辏，肩摩毂击，檐牙相错，成一大都会。”

新中国成立之后，红山得到了全面治理，建起了提水工程，引水上山，造林约347余公顷。红枫、油松、丁香，苍郁茂密。每逢佳节，登山的游人络绎不绝。人们登山赋诗，赏风光于绝顶之上。在红山峰顶，可俯瞰赤峰城区的雄姿，观蜿蜒北去英金河的碧波，还可以看到一段石砌“长龙”，那是战国时期燕国的古长城遗址。

红山五峰，有四个是马鞍形山峰。从第一鞍部向上攀援百余米，有赤壁陡立，如同刀削斧劈，直刺蓝天。附近有两个无名洞，人称“鸽子堂”，堂前，一块巨石平滑如坻，凌空悬垂，似有不时坠地之势。有胆量者，跳上小坐，自有奇趣。再向前，到了红山第二峰第二马鞍部。赤峰市的关帝庙内，乾隆五十九年（1794）雪六月吉日碑文，有如下一段记载，“因以其地雄胜，遂建庙于赤山之西南”，这就是当年的龙王庙，原址就在第二马鞍部脚下。庙址后面，有一个小山称，“龙头山”。山的右侧，有一隆起的斜坡，顺坡而上，呈现一块平整的地面。由此直抵峰顶之后，有“会当凌绝顶，一览众山小”之感。极目远眺，宛如天开。再往前上了第三峰后，有一道幽深的峡谷，人们称之为“红山之门”，峡谷宽约两米，灌木丛生，野草浓茂。这里流传着一个古老的传说：如有人能够得到神赐的金钥匙，就能从这道山缝打开山门，牵出金马驹，运出金豆子……在第四峰的南坡，有“糖人洞”，可容四五人小憩。

红山美，碧水长。诗人作家寻迹觅踪、慕名而来赤峰者，无不以登临红山为快事。1961年8月，中国作家艺术家代表团来到这里，著名建筑学家梁思成，建议兴建一个红山风景区；著名画家林风眠挥笔作画，感情酣畅地描绘红山美景；作家老舍即兴赋诗盛赞红山风光优美：“塞上红山映碧池，茅亭望断柳丝丝。临风莫问秋消息，雁不思归花落迟。”

1964年夏，敬爱的朱德、董必武莅临赤峰，对红山景色倍加赞赏，建议利用红山的名胜和风景，建一个红山公园。如今朱德、董必武的建议早已成为现实，已颇具规模的红山公园1991年被命名国家森林公园，还建有蒙古包群、跑马场、赛驼场等，成为赤峰市广大人民和四方游客领略大自然神奇、史前文明风采和民族风情的最佳去处。

红山国家森林公园坐落于内蒙古自治区东南部赤峰市近郊，濒临英金河，西南距赤峰市区3公里，南距北京420公里，距承德220公里，铁路、公路交通均很便利，也可以乘飞机从北京、呼和浩特、沈阳等地直达这里。

公园于1991年11月经林业部批准建为国家森林公园，面积6.5万亩，森林覆盖率为39%。整个公园分为红山区、北山区、东山区和西山区四部分，分别生长着品种繁多的典型北方树种，主要有黑松、云杉、落叶松、杨、柳、榆、柞、桦等，形成了内蒙古草原上难得的森林风光。此外，还有各种药材植物和野生动物。园内还有众多自然与人文景观，主要景观红山山石呈红色，红山和赤峰皆因此而得名。园内共有47峰，山势宏伟壮观，自然形成了众多形象逼真的造型，主要有靠山佛、卧驼峰、将军石、一线天、金蟾望月等。红山被誉为中国第一大文化名山，是中华民族文明和龙文化的发祥地之一，留有众多人文古迹，如远古太阳神像、战国燕长城遗址、辽金文化遗存及市兰碑等，这里出土的古代碧玉龙被称为“天下第一龙”，享誉中外。

近年来园内新建了佛亭、龙涎池、邀月亭碑廊、聆风轩、弥勒佛像等人工景点，先民村、碑林、钓鱼池等也在规划筹建中。目前园内已开设了高档饭店、蒙古包式旅馆及其他服务设施，并推出了独具蒙古草原特色的骑马、跑骆驼、蒙古长调牧歌等民俗旅游项目和烤全羊、手扒肉、奶茶、奶酪、酸奶等蒙古风味食品。

巍峨绵延的大青山

中国的正北方，一条巨龙般的山脉横卧在辽阔的高原上，起伏绵延，莽莽苍苍，气势非凡，它就是大青山。

大青山，因其山势和山色而得名，蒙古语为“喀喇兀纳”，意为“黑山”。据说，山上有70个黑山头，翠霭蓝光，青葱如画，所以蒙古人也叫做“达兰喀喇”，意思为“众多的黑山头”。后因蒙古民族对“青色”的喜爱，便把“黑山”改称为“青山”。“青山”之名，最早出现在明代嘉靖年间，到了清代，有人在“青山”上冠以“大”字，后人于是称之为大青山，并将大青山这个名字载入了清代史册。大青山属阴山山脉中段，即狭义的阴山，东西走向，位于土默川平原之北，东接灰腾梁，西隔昆都仑河，与乌拉山相接。长约250公里，宽50～100公里，海拔一般在1500～1800米，

主峰在土默特右旗萨拉齐北，又叫九峰山,海拔2337.7米，是大青山的最高峰。

据考证，大青山形成于地质史第三世纪，山势西高东低。在晚古生代的造山运动中，大青山作为阴山山脉的一部分逐渐隆起，成为内蒙古高原地形上的脊柱之一。其南坡由于断陷作用，山势巍峨陡峭，急趋直下；北坡则倾斜平缓，没入乌兰察布高原。南北两侧气温、降水量都有明显差异，为自然地理和农牧

业生产天然分界线。相对高度一般在400～600米之间，少数山峰在2000米以上，最高峰达2500米。由变质岩构成的座座峰峦，昂首比肩，显出独特的风姿；由沙质岩组成的一道道山梁，则坦荡而浑圆，犹如一个巨大的平台，可供万马驰骋。大青山是古代北方游牧民族放牧的地方，历史上游牧文明与农业文明长时间、大规模的冲突，主要发生在大青山之下。

大青山是内蒙古自治区一条重要的地理和自然的分界线。大青山南，是辽阔坦荡、一望无际的土默川平原，黄河、黑河奔流不息；山北则是广阔的乌兰察布大草原。草原南沿的半农半牧区，俗称“后山”，是塞外特产“莜面、山药、羊皮袄”的主要产地之一。

大青山的自然景观十分美丽。春天山中碧草如茵，繁花似锦。如果你在夏秋季节来到大青山，会看到数不清的山涧泉水，像一根根琴弦，跳动着、歌唱着，从嶙峋的怪石中潺潺流过。山地内有杨、松、柳、榆树等天然林木。那一坡坡白桦、松柏苍劲挺拔，郁郁葱葱，荆棘丛中长有山杏、樱桃、山果子等野果。银色的、褐色

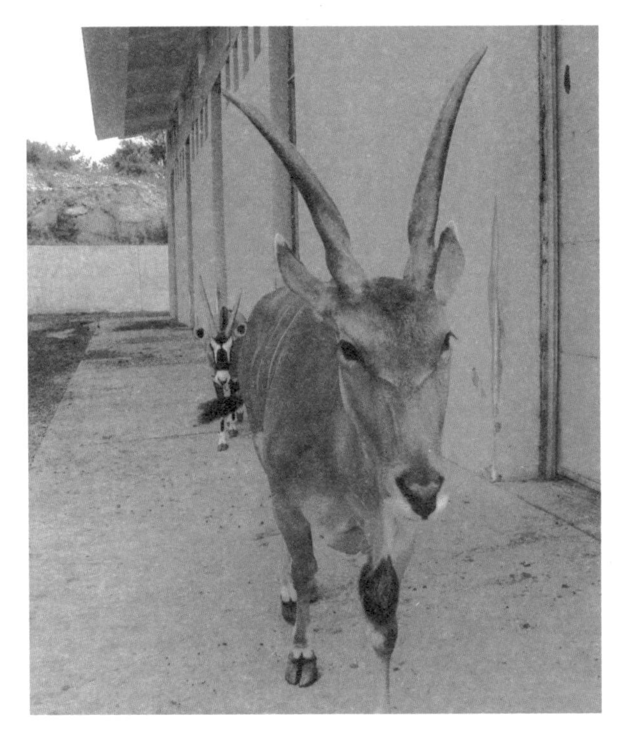

的山兔在树林里嬉戏，不时还竖起耳朵聆听山中的松涛和鸟鸣。深秋，寒霜染过的柞树、白桦林变得一片火红，远远望去，像团团烈火，燃烧在千道山梁、万条沟壑。隆冬，大雪纷飞，千山如银蛇起舞，素洁中又无比的俏丽。

大青山的密林和崖头下，是飞禽走兽的家园，对此《汉书·匈奴传》记载，“草木茂盛多禽兽”。飞禽有雕鹰、百灵鸟、斑鸠、野鸡、沙鸡、石鸡、半翅；走兽有狼、狐、兔、青羊、黄羊、盘羊等。此外还有猞猁、灰鼠。大青山水草丰美，是良好的天然牧场。著名的牧场有井眼梁、淖

梁、马场梁、照山梁等几十个。每个牧场均可承载几万头牲畜，一年四季，成群的牛、羊、驼、马撒满山梁。大青山又是中草药的宝库，山里盛产黄芪、芍药、知母、远志、柴胡、党参、甘草等几十种药材。大青山矿产资源丰富，有铁、金、银、铜、石墨、石棉、石灰石、磷石、石英石、云母、煤炭等。

大青山名胜古迹甚多。有坐落在包头市东北45公里深山处的五当召和毕克旗镇北的喇嘛洞，规模宏大，是蒙汉人民智慧的结晶。山中还有随山势绵延起伏的赵长城、烽火台，山南、山北的古城堡，都记载着历史的风风雨雨。

从呼和浩特驱车北去大青山，沿着一条弯曲的山路行进，一边是幽深的峡谷，一边是陡峭的山崖，山路上土色皆白，北魏地理学家郦道元在《水经注》中谓之“白道”，这也是历史学家翦伯赞《内蒙访古》中所称的“蜈蚣坝”。“蜈蚣坝”海拔1600米，坝的最高处，郦道元称之为“白道岭”，险峻异常，让人惊叹。据《绥远通志稿》记载，“蜈蚣坝”是当年进入内地的必经之路，“石径逼仄，不通方轨。自清嘉庆、道光年间，历经修治，始克车行，然山路崎岖，挽载维艰，且丰马拥塞，时虞颠覆，而在天寒地冻之时，车辆屯集，进退两难，车夫守候而僵仆者比比也。”为排除险情，方便人民群众的往来，有利于大青山南北的物资和文化交流。1926年，时任绥远省警务处长的民族英雄吉鸿昌，率部在“蜈蚣坝”上劈山扩道，移石填沟，修筑道路，并在坝下的一块石壁上刻下了他亲笔题写的“化险为夷”四个大字。

继续乘车下了“蜈蚣坝”，翻过大青山向北行，会看到一个繁华的城镇，它就是武川县县政府所在地——库可以力更镇。它背山面泽，左右开阔，与呼和浩特正好隔山相望，是呼和浩特至乌兰花、百灵庙、固阳县公路的咽喉和枢纽。武川县历史悠久，早在拓跋鲜卑建立北魏王朝时，武川就已经成了当时的六个军事重镇之一。据考证，当时的武川镇设在“蜈蚣坝”西北的土城梁村。古城中有大型的建筑台基，出土有“万发富贵”文字瓦当等典型的北魏文物。武川镇人杰地灵，是北周、隋、唐三代开国皇帝的故乡。《周书·帝纪·文帝上》载：“太祖文皇帝姓宇文氏，讳泰，字黑獭，代（郡）武川人也。”宇文泰是西魏大臣，其子宇文觉是北周的第一个皇帝。《隋

书·帝纪·高祖》上载，隋文帝杨坚的五世祖杨元寿“后魏代为武川镇司马，子孙因家焉。”《旧唐书·本纪·高祖》载，唐高祖李渊的四世祖李熙在北魏时“领豪杰镇武川，因家焉”。登上古城武川镇北的烽火台，遥视青山峻岭，历历在目，多少历史往事不禁涌上心头。

与井冈山、武夷山、大别山、太行山一样，大青山也是革命的摇篮。1938年8月，贺龙、关向应同志根据毛主席“在平绥路以北沿大青山脉建立游击根据地”的重要指示，选派八路军120师358旅政委李井泉、参谋长姚喆率领一个支队秘密开进了大青山区，与当地蒙汉游击队组成了八路军大青山抗日游击支队。在他们开创的许多红色革命根据地中，就有位于武川县境内的井尔沟根据地。从此，大青山抗日游击支队便开始了与敌人的殊死较量，为中国人民的抗日斗争和内蒙古自治区的解放事业作出了巨大的贡献。

大青山抗日根据地位于武川县得胜沟乡的最南端，大青山深处，辖地面积496平方公里，距呼和浩特市约70公里，是全国著名的革命老区，是国家100个景点项目之一。抗战年代，得胜沟乡得胜沟村一直是大青山抗日根据地的指挥中心，被称为“塞外小延安”，其山大沟深，地形险要，是当年大青山支队司令部、绥远省委、省行署机关的驻扎地，现有司令部、卫生队、教导队、电台等遗址，李井泉、姚喆、黄厚、杨植霖等领导人住过的窑洞和办公用的石磨、树墩，存有八路军作战使用过的电台、战刀、手榴弹、马蹬、火盆、粮食袋、火镰等革命历史珍贵文物。1964年被内蒙古自治区政府列为重点文物保护单位。在景区内留下一大批革命前辈戎马生涯的足迹，留下了大青山抗日军民奋勇杀敌、可歌可泣的英雄事迹。景区内除了

众多的革命遗存，自然风景十分独特，沟沟相连、溪泉缠绕，山清水秀，山壑交叠，峰耸入云，山山有景，万木争荣，野兽出没，有狮子嘴、石门、佛爷洞、晾人台、响沙湾、虎头山、板嘴石窑等自然景点，各景点均以“奇、雄、特、险”取胜，集自然景观和人文景观于一体，以红带绿，红绿相互辉映。

乌拉山与其主峰大桦背

乌拉山，蒙古语称“木尼乌拉”，又作“穆尼乌拉”。“木尼”是喇嘛教中一位山神的名字，“乌拉”是山的意思。清初，一位著名的西藏喇嘛曾游历至此，很受当地蒙古人的推崇。后来他就在这里住下，以其家乡的一位叫木尼的英雄为山名，并将木尼作为此山的山神。据《元和郡县志》载，此地在一千年前即有“木剌”、“牟那”等山名，“木尼”是承袭演化鲜卑人、突厥人、西夏人的称谓而来。

乌拉山，是古代阴山山脉西段的南支，位于内蒙古巴彦淖尔市乌拉特前旗境内东南部和包头市西北部。东至包头昆都仑河，南侧迫临黄河，西至西山嘴，北接明安川。东西长94公里，宽12～30公里，山地总面积约1400平方公里。海拔一般在1500～2000米，南坡岩石裸露，植被稀疏；北坡林草较为茂盛，森林覆盖率27.8%，主要树种有松、柏、杨、桦、榆等。盛产党参、黄芪等中药材和酸果、山杏等野果。野生动物有青羊、盘羊、狍子等。这里还是乌拉特白山羊繁殖、栖息之地。主要矿产有铁、镁、云母、水晶石、石棉等。乌拉山以空气清新、含氧量高、风景秀丽、适宜户外运动而著称。每年的6至9月，这里气候温和，森林茂密，山花烂漫，是旅游的最佳季节。

乌拉山大桦背是乌拉山第一高峰，海拔2322米，雄伟壮观，山势挺拔，林木茂密，是夏季旅游和避暑胜地。当人们置身黄河之滨向北眺望，只见乌拉山裸露着褐红色的身躯，山头白云浮动，如同仙人的鹤发。一百多年前，乌拉山风景极为秀丽，原始森林茂密，野生动物众多。近百年来，山林发生过两次火灾，原始森林被毁灭殆尽，后来仅萌生出片片次生林。1950年后，国家在这里建立了国营林场。经过30多年的封山育林和人工造林，目前森林面积已达22万亩。主要树种有山杨、白桦、杜松、侧山丹马茹茹果柏等。山中还有不少灌木林和野生药林，主要有黄刺玫、酸果、山杏、黄花、绣线菊、金菊、白芍、黄芪、山丹等。

乌拉山主峰大桦背古松参天、青松如海、葱茏茂密、香气袭人，宛如一座天然公园，是人们旅游、疗养和避暑的绝佳胜地。

攀登大桦背，可由西乌布浪口入山，向南沿山道蜿蜒而行。入山第一险处是大鹰湾。大鹰湾地如其名，雄险峻峭。这里青石壁立，巍然数十丈。崖下流水汩汩，叮咚有声。崖头壁缝间长着数株古松，树冠硕大，虬枝盘桓，尖尖新叶，苍翠欲滴；根部旁逸斜出，树干则贴着石壁挺拔向上，直指蓝天。

大鹰湾确有大鹰，游人常见巨鹰栖落古松枝头，缩颈耸翅，一动不动，如灰黑色的岩石。若被游人惊扰，巨鹰会倏然跃起，像一粒弹丸射出，舒展的双翅几乎遮去了一线蓝天。游人不禁敛声息气，神情肃然。

过了大鹰湾，便是大石虎。此处山石皆呈红色，在修通简易车道的1963年之前，人迹罕至。大石虎的崖畔沟底，皆天然次生林。崖底多为山榆，密密匝匝；崖头酸枣树丛生。深秋季节，酸枣树枝头会挂满鲜红的果实，一簇簇、一串串如红玛瑙，格外鲜艳夺目。过大石虎继续盘旋而上，山势愈见险峻，道路更加难行。翻过海流斯太梁之后，山势转为平缓，待转过一峰笔立的悬崖之后，眼前豁然开朗，一块山间平地呈现在游人眼前。这里空气湿润，举目望去皆是绿色。沟涧水流如注，铮铮作响，如琴声般悦耳。山榆、野杏、白杨、细柳和开得热闹的各种不知名的野花，都像被水洗过似的，格外绚丽可爱。由于植被丰富，这里形成了良好的区域生态环境，这里有风便有云，有云便有雨，雨水充沛，因此这里的山光水色在乌拉山中独具一格。

由此开始爬坡，可见成片种植得整整齐齐的人工松林，松树已有碗口粗细。再过黄土崖，飞越分水岭，直奔黑土坝。沿途山势渐高，道路时而沿山盘旋，时而两边皆陡立的悬崖，如行天桥。黑土坝一带是数米厚的黑土层，土质肥沃，适宜树木生长。沿途的沟壑越来越多，左边有西马房沟、乌力吉沟、那勒斯太沟、乌素图沟、车马房沟；右边有杨树沟、清水河、小老虎沟、五座茅庵沟。沟沟壑壑全都被郁郁葱葱的树木笼罩，更给人一种幽深奇峭之感。过了分水岭，再向前就到了乌拉山的主峰——大桦背林场，一个天然的大公园展现在面前：山泉、溪流清澈见底；崇山峻岭桦林如海，铺绿叠翠；赤芍、白芍、地茰花浓香馥郁；锦鸡、野兔、狍子出没林间。风过之时，原始莽林一片涛声，如万千骏马浩荡奔腾。

大桦背现有3个旅游风景区，面积为1万公顷，建有景点70多处。主要景点有“南剑门”、“玉壶峰”、“南天观音佛”、“神门”、“大桦背一揽台”、“铁木兔沟”以及东乌不浪沟古树和溪流瀑布等。大桦背景色秀丽，林木繁茂，流水潺潺。春季这里万物复苏、草木争春，夏季绿草成茵、云雾绕山，秋日红叶满山、野果飘香；冬季雪海茫茫、玉树琼枝。白桦是大桦背的象征，秀丽的白桦像初浴的少女，袅袅婷婷；遒劲的松柏依山傍水，各自成趣；甘甜的泉水，晶莹碧澈，四季长流；各种花草和名贵药材竞相滋生，争奇斗妍。

登上大桦背主峰，只觉地阔天宽，极目远望：向东，钢城包头林立的高楼尽收眼底；向西，隐约可见乌梁素海绿水漫漫，像西天王母留在人间的一块碧玉；向南，九曲黄河如带，鄂尔多斯的丘陵起伏绵延；向北，明安川紧连着苍茫的河套平原，沃野千里，漫无边际。大桦背共有70余条沟，沟沟都有活泉水，林木总面积约为140万公顷，木材蓄积量84万余立方米。大桦背以桦树为主，还有杨树、油松、落叶松、柏树、山榆等30多种树木。其中，油松的质量居华北之首。已到采伐年龄的山林有3万余公顷，每年仅采集树种就达10余万公斤。这里有1300多种药材。近些年来，人们开始采取措施保护野生资源，大桦背变得越来越美丽了。

锡林郭勒平顶山

位于内蒙古中西部的锡林郭勒盟以幅员辽阔、水草丰茂、牛羊遍野而闻名于世。它是欧亚大陆具有代表性的草原类型之一，也是内蒙古自治区主要的草场之一，而且被联合国教科文组织划定为“人与生物圈保护区”。锡林郭勒盟自然景观形态丰富，人们知道它有辽阔的草原、蜿蜒的河流和众多清澈的湖泊，却很少有人知道它有景色奇特的火山群。火山群为锡林郭勒大草原增添了一道亮丽的色彩。

火山是由地壳内部岩浆喷出后堆积而成的山体形态。当地球内部处于高温和高压的状态时，上覆岩层发生破裂或地壳背斜褶皱升起时，地下的炽热岩浆将沿地层的破裂面或背斜轴部喷出地表，即形成火山。火山有时成群分布，即火山群。

锡林郭勒盟的火山群以平顶山火山群最为著名。平顶山火山群位于锡林浩特南面几十公里处，由大面积的玄武岩和大小40多个密集的火山口组成。火山口东西走向，长达 7 公里。40多个火山口均呈圆锥形，个个孤峰独立，自成一格，山峰平整，群山相互依偎，大大小小排列有序，而顶部却刀削般的平整，构成一幅奇特的景致。据地质学家考证，平顶山是千百万年前火山喷发造成的奇迹。当时，这一带多处火山爆发，岩浆吞没了平坦的草原，给大地盖上了一层厚厚的火山岩，后来由于地壳的升降，形成了大面积的平顶山和马蹄山。

相传，当年成吉思汗南下征金，来到锡林郭勒草原，起伏的群山挡住了成吉思汗与其骑兵的视线，致使征金久战不胜。此时成吉思汗心爱的坐骑又钻入山中，不知去向，成吉思汗龙颜大怒，拔出腰间佩带的宝刀向前一挥，随着一道金光闪烁，一声巨响，眼前的山峰被拦腰斩断，削下的山尖散落在四周，剩下的部分就成了今天的平顶山。这种顶平如削的情形在白音库伦北的蘑菇山一带更为明显，沃博尔都乌拉、巴音查干乌拉、巴彦乌拉等火山口都是平地隆起，呈棋盘状有序分布。据推测，是当时火山喷出的黏稠的熔岩堵塞在了火山口内，进而向上隆胀形成。随着火山一次次喷发，熔岩一层层凝结，就形成了一座座顶平如削的山峰。

阿尔更其格火山口是平顶山火山群中规模最大、保存较为完好的火山口之一，位于火山群中部。东靠锡塔特尚德，南邻白音库伦马场，北面和西面为其他火山环绕。火山口130米左右，长1300米，宽700米，内分三个台阶。据地质专家分析，三个台阶为岩浆三次溢出所致。火山口的方向为60度，呈长条延伸的洼地。最底部是椭圆形的潮湿盆地，可能是火山岩浆的通道口。

阿尔更其格火山口的景致极具特点，随着观察者角度的不同，火山口也呈现出不同的形状。整体上看，像一个趴着的蛤蟆，东坡山脚下的两个寄生火山口，如同两只眼睛；如果从南面观察，火山口南北两侧高，而南侧又稍高于北侧，中间向北逐渐低缓，外观又似驼峰状；从北面观察，火山口呈长扁弯窿状，山的南坡有一较长的缺口，可能岩浆就是从此处流出的。近观火山口，可以想象千百年前火山喷发的壮丽情景，在地力的作用和地壳的强烈挤压下，火红的岩浆在地下积聚着、涌动着，最后带着遮天蔽日的滚滚浓烟和不可遏阻的力量直喷而出，如果是在夜里，会将整个草原映成一片通红。今天观赏火山口，虽然距离火山喷发过去了无数个世纪，但大自然的伟力依然让人惊心动魄。

平顶山火山群是大自然留存在人间的奇迹，这一带是比较理想的天然旅游区，在此既可观赏壮美的草原风光，又可领略奇异的火山遗迹景观，可谓一举多得。

风光无限的蛮汉山

蛮汉山又名钟山、九峰山，“蛮汉”相传是蒙古族部落首领名。蛮汉山位于内蒙古乌兰察布市凉城县的西北部，居大青山南支，由一系列南北走向的平行山梁组成。自东北向西南绵延70公里，东西宽约15公里。主峰位于凉城县境内的东十号乡，海拔2304.5米。蛮汉山山体宏伟，风景秀丽。

通往蛮汉山主峰的道路曲折蜿蜒，在夏季乘坐汽车前往，汽车速度缓慢，一会儿爬上山脊，一会儿又下到了沟底。放眼车窗外，只见公路两旁重山叠嶂，青翠峭拔，横绕在山间缕缕白色的雾气，时而聚合，锁住了山腰；时而流动，升上了山顶；时而又飘向空中，化为片片洁白的云朵……真是变化万千，难名其状。山中天色淡蓝，空气湿漉漉的，凉风微吹，送来阵阵怡人的清爽。

凉城县境内的东十号乡的南营子，是攀登主峰的最佳出发点。踩着萋萋的芳草顺路前行，在远处传来的几声犬吠的引导下，可以看到一处田园风味极浓的村落。此村依山而建，一股清泉由上而下，曲折迂回，汩汩流淌着，敲打在岩石上，似碎玉之声。在村中，能够看到被云雾笼罩成茫茫一片的若隐若现的主峰——佛爷洞！

通往主峰的路是陡峭险峻的，但也是神秘的，充满了吸引力的。一路上溪水叮咚，峰峦竞秀。齐膝深的浓密青草在风中摇曳着，坡边沟畔到处是盛开的山丹丹花，娇艳至极，采一束在手中，宛若举起了燃烧的火把；在草丛中卓然独立的紫色野玫瑰散发着浓郁的香气，沁人心脾；还有橙色的石绒花，黄色的金针花及各种不知名的山花，叫人目不暇接、流连难舍。山势越来越陡，也越来越险了，横卧在脚下的青石，长满了绿绒似的苔藓，又湿又滑，稍踏不稳，便有跌倒的危险。登山者需相互扶携、小心翼翼地向前挪动。一面草坡刚刚通过，一片茂密的白桦林又会将游人隐没。阳光透过斜生的枝杈，在树下积存的枯叶上洒下斑驳的光影，树叶上残留的露水会被不时摇落，滴在游人的身上、脸上、脖子上，清凉爽人。攀登是艰难的，也因此充满兴致。

走出茂密的桦树林，便会进入一片长满芳草的开阔地，暴露在青天下的蛮汉山的主峰——佛爷洞就在眼前。也许是造物主的杰作，主峰顶平列着众多形态各异的巨石，或坦荡如坻，或突兀耸立，或苍润可爱，仔细品赏，饶具趣味。站在峰顶的巨石之上，白色的云气一丝一缕地从头上飘忽而过，低的似乎伸手可触。极目四眺，起伏蜿蜒的峰峦一一匍匐在游人脚下，青苍的天色和远处茫茫的地平线融会在了一起。凉风习习吹来，一扫浑身的燥热，心胸豁然开朗，游人顿时会觉得坦荡豪爽。

蛮汉山林业资源十分丰富，山上有林地6700公顷，其中以桦树为主的天然林就有5300多公顷，此外还有青杨、椴橡以及山杏、樱桃、胡枝子、胡榛等20多个品种。野生药材资源和动物资源也很丰富，有人参、当归、黄芪、知母、百合等70余种珍贵药材，还有远志、甘草等200余种普通药材。经常栖息出没在山中的飞禽走兽有40余种，1971年成立的蛮汉山鹿场，驯养着梅花鹿、马鹿。

蛮汉山历史悠久，有丰富的文化遗产。在蛮汉山先后发掘出土了汉代的陶阳罐、西晋的“晋乌丸归义侯”金印、“晋鲜卑率中郎银印”等文物珍品。1983年又出土马形饰牌、铜铃、双耳罐等26件文物，证明这里很早就是北方各少数民族的聚居地。

二龙什台国家林公园位于内蒙古乌兰察布市凉城县嵻县天境内的蛮汉山主峰地段，面积96平方千米，森林覆盖面积24平方千米，覆盖率为25%。属阴山脉，东西长20km，南北宽20km。主峰高2305m，是燕山造山运动形成的新型山体。

二龙什台国家森林公园是1993年国家林业部批准成立的，前身是国有蛮汉山林场，面积有4万多亩。公园地处内蒙古凉城县西北部的蛮汉山，距呼和浩特市60余公里。公园内山峰林立，草木茂密。春天，山花烂漫，姹紫嫣红，360种林木生机盎然，是花的海洋；夏

天，绿树成荫，泉水清冽，气候凉爽；秋天，红黄橙绿，层林尽染，美色尽收眼底，可与北京香山媲美；冬天，白雪皑皑，松涛阵阵。

草原避暑胜地灰腾锡勒

灰腾锡勒，亦称灰腾梁。“灰腾锡勒”是蒙古语，意为寒冷的山梁。主峰位于察右中旗东南部阴山山脉东段。东西走向，东西长约100公里，南北宽约20公里。西接大青山，东接大马群山，横亘于卓资县、察哈尔右翼中旗、察哈尔右翼后旗和察哈尔右翼前旗4旗县。海拔一般在1500米以上，主峰海拔2113米。灰腾锡勒属高山草原地带，水草丰美，是天然的优良牧场。灰腾锡勒地广人稀，村庄较少。冬季寒冷，极端气温在－38℃左右；夏季最高气温不超过15℃，是北方难得的夏季旅游和避暑胜地。

灰腾锡勒距离呼和浩特110公里。盛夏8月，从呼和浩特驱车东行，穿过百里平畴沃野，到旗下营再往北，就进入层峦叠嶂的灰腾梁山区。只见层层山岭，尽披绿装，道道沟壑，林木繁茂。再往东行，汽车沿山路盘旋而上，山势愈高，起伏愈小，到了乌兰察布市察右中旗的种马场附近，已是灰腾梁的山巅。放眼望去，茫

茫草原，各种野花点缀其上。此处地势宽敞平坦，有华北最大的风力发电厂，白色的发电机犹如无数个风车，在如

海的绿草中转动，景象十分壮观。仰望苍穹，低垂如盖，白云片片飘过，仿佛伸手可及。俯瞰大地只见野草杂花，美如铺锦。红的火红，蓝的靛蓝，黄的金黄，杂以乳白、雪青、淡紫等色，真是五彩斑斓，令人目不暇接，堪称天然大花园。

灰腾锡勒最美的季节是在夏季。夏季绿草茵茵，空气清爽，远眺山峰，云裹雾罩。有时西边浓云密布、雷鸣电闪，而东边却晴空朗朗、光华熠熠；有时山涛阵阵，明爽如秋；有时却微风习习，温暖如春；偶尔还有轻盈的雪花飘飞。灰腾锡勒的主景区叫黄花沟，由数道纵横交错的沟壑构成。沟沟有景，景景动人。黄花沟有许多景观：神葱岭、剑门崖、骆驼峰、洗心泉、脱凡洞、一镜天、朩鱼台、佛手山、神龟岭、卧虎峰以及双羊泉、葫芦泉、吊脚泉、践约泉、窝阔台、点将台等。进入黄花沟景区内，沟底坡上芳草如茵，有成片葱郁的桦树林和遍地开放的黄花。沟中一条溪水清澈见底，由东向西，而非通常的由西向东。低处的溪流在巨石间穿行，时隐时现，曲折有致；高处泉瀑泻落，冲打在褐红色的岩石上，叮咚作响，犹如鸣琴。沟中动物资源丰富，时常可见在蓝天下翱翔的雄鹰、成群翻飞的野鸽、鸣声清越的布谷鸟以及野兔、松鼠。黄花沟内奇峰耸立，皆叠石而成。在光秃秃的巨石间，只要有一点沙土，便有绿色出现，或为风中摇曳的小草，或为低矮的灌朩。

在一道道低缓的向阳山坡上，是一排排白色的蒙古包，这就是近年来对外开放的灰腾锡勒旅游点。十几座蒙古包呈扇形排列，居中的是一座铁木结构、油漆彩绘的大型蒙古包。包内铺设油漆地板，摆放着十几张覆盖着白色台布的大圆桌，可供几十位游客同时进餐。无论坐在哪个位置上，都可以眺望野外景色。餐厅两旁的蒙古包，则是游客的寝息之所。在这样的蒙古包里过夜，安静舒适，能亲身体验一下蒙古族的游牧生活情趣。在蒙古包里，可以品尝一次正宗的蒙古餐——“手扒肉”。一大盘冒着热气的煮羊肉放到餐桌中间，游客拿起蒙古刀，在大块大块的羊肉上切割。“手扒肉”表面熟了，里层却是粉红色的，见此不必犹豫不敢进口，因为“手扒肉”的特点就是嫩，嫩肉既香又容易消化，吃多了也不腻，而且越吃越香，别具风味。

距离蒙古包不远处，是一座山梁，眼前展现出一片开阔的牧场，牧场上一群膘肥体壮的改良马正在悠闲地啃食青草。走近马群，只见每匹马都胸宽体高，腿粗蹄大，非一般的蒙古马所能相比。原来这就是新培育的乌兰察布马。它是用当地蒙古马和俄罗斯的卡巴金重

挽马杂交的新品种。1953年，这里就建立了种马场，成为内蒙古自治区培育良种牲畜和进行养畜试验的基地。

由于特殊的地质条件、良好的生态环境和保护完整的植被，灰腾锡勒湖泊众多、泉水遍布，有名的大黑河就发源于此，历来就有九十九泉之说，即蒙古语所说的“敖伦淖尔”。九十九泉宛若99颗璀璨的明珠，镶嵌在蓝天映衬下的高原上，波光闪闪，相映生辉，其中的“小天池”尤其优美。“小天池”是地层深陷而形成的积水湖泊，水深丈余，湖面银光闪闪，成群的野鸭来钻去，嬉水觅食。离“小天池”不远，还有一对“猫眼睛”湖，两湖面积相等，浑圆如猫眼，中间正好隔着一道土埠，恰似猫的鼻梁。在众多的湖泊、纵横的泉水边上随处可见雪白的羊群，一群群本属南国的鸿雁、天鹅、灰鹤不顾路途遥远，飞越千山万水，竞相来到这里生儿育女。美丽的灰腾锡勒宁静安谧，一派牧歌情调。据史书记载，灰腾锡勒的九十九泉是历史上许多皇帝的游幸之所。北魏诸帝、辽代的5个皇帝、清代的康熙等都曾来这里习武、游猎、玩景、赏水。可见，灰腾锡勒在很早以前就已经是避暑胜地了。

凉爽宜人的气候，绚丽多彩的风光，浓郁的民族风情，使灰腾锡勒成为中外人士所瞩目的旅游避暑胜地。1980年，国家将这里开

辟为旅游避暑胜地，开设住宿蒙古包、乘坐勒勒车、骑马、骑骆驼等活动项目，提供烤羊腿、手扒肉、奶茶、奶食等蒙古族传统风味食品，慕名而来的国内外旅游者络绎不绝。

辉腾锡勒风力发电厂十分著名，是我国北方最大风力发电厂。辉腾锡勒是我国风能资源最丰富的地区之一，这里靠近蒙古高气压中心，常年多风少雨，树木稀少，地形开阔，风力经常能达7～8级，

非常适合建设风力发电站。1996年，内蒙古风电公司在辉腾锡勒安装首批风机，到如今投资了近4亿元，每年发电量约1亿度，其中有少部分还能供应到北京。现在内蒙古地区开始将风电厂作为旅游景观。在空旷的草原上，一万多座大型的风力发电机组聚集在一起迎风旋转，那是怎样的壮观景致啊。风力发电厂是绝不能错过的好景点。

二连浩特的草原石林

人们都知道白族姑娘阿斯玛的故乡云南著名的路南石林，不知道在北方广袤的草原上也有石林。漫游在美丽的锡林郭勒草原上，碧草如茵，鲜花盛开。举目遥视，在辽阔坦荡、一望无际中忽见巨石林立，突兀奇绝，拔地而起。这些巨石高达丈余，形态各异，或如石蘑张伞、石屋洞开，或如野牛斗角、闲驼静卧，或如雄狮怒吼、猛虎咆哮，俨然一组雄伟壮观的天然石雕群像。穿行其间，峰回路转，如入迷宫。这里就是二连浩特东北140公里处奇特的自然景观—草原石林。

草原石林，是漫长的岁月中花岗岩石在原生构造基础上经风蚀的作用而形成的，属于典型的风蚀地貌。这一带的花岗岩分布面积达600余平方公里，岩体中近东西向和近南北向的断裂纵横交错，将坚硬的岩石切割成许多相对独立的方块型。在长期强烈的风化剥蚀作用下，这些方块周边不结实的岩石纷纷脱落，逐渐变成圆柱体，似杆而立。这些岩体近乎水平层的节理裂隙十分明显，无孔不入的风便不断地侵蚀其中，像无形的刀亿万年地精心打磨，最终将冥顽不化的花岗岩雕琢成器，于是就有了眼前这千姿百态的草原石林景观。在600余平方公里范围内，虽然处处有石柱、石蘑菇存在，但以岩体西北部60平方公里之内最为盛观，密而成林，景色奇特。草原石林中，有一长达17公里、宽近1.5公里的破碎带，构成少有的含水带，不断有泉水从中汩汩涌出，泉水清凉甘洌。有水就有生机，泉水所到之处，有满沟山榆一片葱茏，这在气候干燥、树木稀少的草原上，也是难得一见的自然景观。

草原石林豪迈威武、质朴粗犷，已有2亿6千万年的历史，是大自然留在人间的杰作，是真正意义上的鬼斧神工。与以水蚀作用为主、由石灰岩形成的南方石林即喀斯特地貌相比，不仅是春花秋月各具特色，同时又南北呼应相映生辉。

古老的桌子山岩画

在内蒙古自治区西部贺兰山北部余脉、乌海市东面，有一座 不为人所注意的形状奇特的山，它东接鄂尔多斯高原，西滨黄河，与乌兰布和沙漠相连，南北蜿蜒近百里，横贯了乌海这座工业新城的全境。由于它山坡陡峭、山顶平坦，当地人给它起了一个形象的名字，叫桌子山。桌子山最高海拔为2149米，其雄奇可见一斑。远眺桌子山巍峨壮观，在山势雄伟、峰峦迭起的群山万壑中，其主峰山顶平坦，貌似桌子，故得此名。

桌子山还有一段动人的传说。桌子山蒙古语称“乌仁图什山”，意为巧匠的铁砧子。遥看桌子山，峰顶平平展展，两边陡立，上窄下宽，的确像一个巨大的铁砧子。说起来，这名字还是“一代天骄”成吉思汗给起的呢。相传，成吉思汗远征西夏时，途经桌子山。面对雄伟的山势、绮丽的风光以及山前奔流的黄河、山后坦荡的草原，这位英雄赞叹不已。更使他高兴的是山中到处都有金银铜铁，于是他决定在这里安营扎寨。成吉思汗挑选了一名技艺精湛的铁匠，命令他用桌子山的矿产资源为自己锻造兵器。这位技艺高超的铁匠就从桌子山取材，从黄河取水，在短时间内就造出了许多锐利的兵器，为成吉思汗的胜利进军提供了有力保证。铁匠死后，成吉思汗就把这块宝地封给了铁匠的儿子海若布，并把这座山命名为乌仁图什山。从此，鄂尔多斯高原上的人们就把桌子山一带称作海若布陶亥。

晴朗的日子，在灿烂的阳光照耀下，桌子山便会向人们展露它那神奇秀丽的容貌，隐现在天地相接的云雾间的桌子山，方方正正、平平坦坦，宛若从天而降。

桌子山是一座神奇的山，不仅有丰富的矿藏，还因为发现了大型岩画群而名闻天下。桌子山岩画是继阴山岩画之后北方岩画的又一重要发现。从1980年以来，许多文物考古工作者相继深入桌子山，先后发现了多处岩画。主要的岩画群有五处，三处分布在一条山沟里的磐石上，两处刻画在悬崖峭壁上。其中召烧沟的岩画规模最大，也最为集中，其余在苏白沟和摩尔沟内。在召烧沟西口南畔，有一片片天蓝色的石灰岩磐石，石面平滑如砥，上面刻画着令人眼花缭乱的岩画：有栩栩如生、表情各异的人头图形；有跃跃欲飞的奔马雄姿；还有动物和各式各样的古代兵器，更多的是一些大小不一的圆圈，周围引出一条条射线，这大约就是传说中的太阳神像，反映了原始先民对太阳神的崇拜。岩画群中，用铜器磨刻的，大都是神灵头像、太阳纹图像和各种人面图形；用铁器雕琢的，多为动物图形和骑马人图形。

岩画反映的内容丰富多彩，有祭祀、行猎、迁徙、聚会和舞蹈等各种场面，线条简略，形象生动，风格古朴苍劲。据专家分析，这些岩画多是在夏、商、周时期创作的，距今已有三四千年的历史。丰富多彩的、铭刻着我们祖先的足迹的岩画群说明，早在人类文明曙光刚刚露出的时候，桌子山一带就已经有人类在活动了。他们勇于开拓、积极进取，创造了足以证明自己前行足迹的文明。

雄伟峻峭的贺兰山山脉，宛如一条青色的长龙伏卧在内蒙古草原西部，长约270公里，宽20～40公里，海拔2000～2500米。贺兰山山高谷深，陡峭险要。历史上一直是我国北方少数民族聚居的地方，千百年来，鼓角悲鸣，胡笳声声，从来就是军事要地和古战场。匈奴、鲜卑、突厥、契丹、女真、蒙古等十几个北方游牧民族先后在这里繁衍生息，劳作征战。不同历史时期的游牧民族以石器、铜器、铁器为笔，以岩壁磐石为纸，生动地记录了他们的生活、生产情景以及对自然的认识，对神灵的敬仰。他们以自己的聪明和智慧，敲凿磨刻出精美的岩画，为灿烂的中华文明留下了至今依旧光彩夺目的艺术遗产。

在桌子山山脉诸多山沟的悬崖峭壁和沟畔石灰岩磐石上，残存着无数古代岩画的遗迹，成为桌子山岩画。古代游牧民族羌、乌桓、鲜卑、突厥、回鹘、党项、蒙古等民族曾先后交替在这里繁衍生息，创造过灿烂的古代文明。漫长的历史岁月虽已消逝而去，但遗留在沟畔石灰岩磐石和悬崖峭壁上的古代游牧人的艺术珍品——岩画，却成为历史遗迹，永远留在这里。

桌子山岩画是近年来在内蒙古西部发现的三个大型古代岩画群之一，即阴山岩画（狼山地区）、桌子山岩画（贺兰山北部余脉）、乌兰察布草原岩画（大青山以北）。三个大型古代岩画群总共发现反映古代中国北方游牧、狩猎和宗教生活的岩画3万余幅，引起了世界震惊。这些岩画数量之浩繁、取材之丰富、技法之精湛、作画民族之众多、延续时间之长久，都是世界罕见。这些岩画大多数属于新石器时代晚期和青铜器时代的作品，还有部分岩画是战国至两汉时期（铁器时代）、北朝至隋唐时期、辽宋至明清时期的作品。岩画的作者有匈奴人、突厥人、回纥人、党项人和蒙古人。

桌子山岩画群主要分布在6个较为集中的地区，即召烧沟、苦菜沟、毛尔沟、苏白音沟、苏白音后沟、雀儿沟。这6处岩画分为两种类型：第一种类型为山地缓坡岩画，如召烧沟岩画；第二种类型为崖峭壁岩画，如苦菜沟岩画、毛尔沟岩画、苏白音沟岩画、苏白音后沟岩画、雀儿沟岩画等。

这些岩画以其生动的凿痕，展现了我国北方民族游牧、狩猎、祭祖活动的历史画卷。众多的岩画中，有围猎、单猎场面，有动物岩画，骑士岩画，舞蹈岩画，有部族之间的战争，盛大的宗教祭祀活动以及最早的文字、计器等图像，真是应有尽有。其中最主要的题材是反映游牧民族狩猎活动的岩画，既有表现狩猎对象的动物图画，也有刻画行猎活动的场面。动物画中有马、牛、岩羊、山羊、团羊、马鹿、长颈鹿、麋鹿、狍子、狐狸、野驴、骡、驼、狼、虎、豹、龟、蛇、鹰等，也有一些是综合了几种动物特征的想象的图像。狩猎图中，则分别有单人出猎、双人协力狩猎和多人围猎、群猎等种类。行猎武器以弓箭为主，伴有棍棒、绳索、弓箭和月牙刀。反映原始游牧民族经济生活的画面有车辆、马具、穹庐、石盘磨、天文图以及与数学萌芽有关的形形色色的奇异符号等。此外还有一些反映原始宗教的画面，如天神地祇、男女性交、手掌足印等，反映了古代游牧民族的图腾崇拜、生殖崇拜、动物崇拜等。

离开召烧沟岩画群，沿着深邃、幽静的山沟继续向里走，会被眼前出现的奇景所吸引。往上看，桌子山那方方正正的峰顶不见了，只见两边山峰对峙，怪石嵯峨，耸立的危崖中间是一条细长的缝隙，从缝隙中可望见飘动的白云。在悬崖峭壁上，还有一个个姿态各异、奇妙无穷的岩洞，好像凌空建起的房子。大的有数十平方米，小的也能钻进去一个人。攀进一个高有数十米的大岩洞，洞中套着洞，幽暗曲折，深不可测。置身洞中，只觉冷风嗖嗖、寒气逼人，沿着此洞攀援而上，直达峰顶。从岩洞下来，沿着沟底砾石铺成的天然小路继续往前走，出现一个碧澄澄的小潭。潭水清冽，两边峭壁陡立，仿佛是柳宗元笔下的永州山水。绕过小潭再往前走，穿过一片森林，便会找到一条攀登峰顶的小路。登上峰顶，举目眺望，远处的大漠，近处的黄河，还有绿洲、草滩、田园、街市，尽收眼底，令人心旷神怡。

世纪绝顶冰臼峰

当你裹着大漠的风，带着戈壁滩上的阳光，风尘仆仆地来到克什克腾大草原的时候，眼前的景色会把你所有的疲劳一扫而光。此刻，你不再留恋南国的小桥流水，也不再向往那如织的街衢。在这广袤苍茫的大草原上，撒着珍珠般的羊群，蒙古包的炊烟绕着马嘶牛鸣一起升腾；悠扬、深沉的牧歌在心中回荡，牵动着你的情愫，使你如醉如痴；草原的辽阔、苍茫、博大、雄浑震撼着你的灵魂，昂扬着你的生命；你的眼睛会随着草原雄鹰的飞翔，去追寻那一片沁人心脾的绿色。这，就是赤峰的克什克腾草原。

这里有连绵的山峦、茂密的森林、烟波浩渺的湖泊，但最使你动心并不能忘怀的，是神奇的青山冰臼峰。

现代人热爱旅游登山，喜欢登名山——泰山、黄山、峨眉山、华山、恒山；喜欢“登高壮观天地间”和“一览众山小”的感觉。然而，山不在高有仙则灵。青山冰臼峰就是这样一座充溢着灵气的山。这山，万仞千豁拔地而起，似擎天一柱；这山，交苍叠翠，怪树森森，奇石蟠蟠。翻开地图很难找到，然而，它奇特的风景，别致的韵味，与天下名山相比，却另有一番味道！所以，纵使踏遍天下名山，如果不登临冰臼峰，将是你最大的遗憾。

冰臼峰在热水镇的西北方，位于经棚镇东25公里的青山自然保护区，地处东经117度52分，北纬43度19分，总面积9200公顷，海拔1574米。青山为大兴安岭东南余脉，峰峦叠嶂，连绵起伏近20公里。地形地貌奇特，地质构造复杂，地层裸露，土石分明。青山保护区植被完好，属多样性生态系统，有野生植物500多种，野生动物数10种。

沐浴过热水镇的温泉，沿着到经棚的公路行驶一段后，向北折入丘陵起伏的田野，绕过一座山，在黄绿相间的一片田畴之上，一座巍峨挺拔的山峰在你面前崛起。山的阳面峭壁陡立，雄鹰在山顶盘旋，山脚下一块巨石上刻着一行朱红大字——"大青山冰臼峰"，远远望去很醒目。山的东侧是一条流水冲击而成的沟壑，盘旋而上，这是上山的惟一途径，那可真是一夫当关万夫莫开啊！据说，这里在古代曾有绿林好汉出没，抗日战争时有一支游击队隐蔽在这里与日本鬼子作战，留下许多可歌可泣的故事。

开始的路比较平缓，石条砌成的台阶参差有致。向右一转，路便陡峭起来，石阶也高了些许。路的两旁是硇岩峭壁，石缝间生长着各种北方特有的灌木，山榆最多，虬结盘曲的枝条撩拨着你的发梢，阵阵山风吹拂着你的面颊，真是心怡气爽！继续攀登，右边是一条宽沟，沟底多怪石，高高低低如犬牙交错。沟对岸山势雄奇，直指蓝天，其间林木茂密，时有鸟鸣啾啾。雨后，隐隐可听到峡谷深处溪水淙淙。再向上攀，山路愈发陡峭，转弯处台阶窄不容足。不过，你千万不要担心，两旁的铁索会让你感到非常安全，你可以扶着它从容前行。环顾四周，奇石嶙峋，状人状物，栩栩如生。有蛇石出水、母子石猴，还有鹰石、棺石、僧石、道石、美女石、连阴寨、大石棚、鸽子洞、喇嘛洞等等。转过弯，山路变直，两旁遍地的野杏和灌木丛带你走进一个绿色的世界。如果你是个细心人，从山脚一路数过来，你会发现这石阶一共1999个。据说，这台阶是1999年修的，也是为了迎接新千年的到来。

登上山顶，顿觉天高云淡，凉风入怀，十分爽快。眼前一片树木围绕着石地，是一片海浪般起伏的石灰岩。环视四周，奇特的景观便出现在你的面前：石地上分布着大小不一的圆穴，如一只只巨盆嵌

在石头里。这些圆穴就是冰臼。据地理学家考察，这是地球第二冰期遗留下的典型地貌，它对人类认识地球演变的历史极有价值。此刻，你会为大自然的鬼斧神工而惊叹，并感到不可思议。然而，这仅仅是冰臼峰之一斑。沿小路南行，穿过白桦林，是一片更大的空地，弧形的石面起起伏伏，层层延展、跌落，一直到南端的悬崖边缘。这扇形展开的300多米长的石地，就好像一层一层退潮的海浪突然凝固，有一种惊心动魄的洪荒与壮阔的味道。那一瞬间的感觉，就像是来到了月球上。散落在石地上的冰臼，较先前看到的更多，也更大。在1000平方米的花岗岩岩面上，有数百个冰臼！这些大石穴里多有清清的积水，不知是雨水还是泉水。有的里面生长着茂密的水草，青蛙在草中跳跃；有的两三个穴上下相连，上面臼中的泉水从底部的孔隙注到下面的臼中，下面的溢满了又流到更下面那一个之中。雨中来到这里，那满山流瀑的景象，或许会使人想到冰山融化、大地隆起那一刻的壮观与生动。伏身细看，真是奇了，那一汪汪清清的泉水中，竟然有线一样的小鱼在游动。这不能不让人慨叹水的无所不至，高山绝顶之上，小小石穴之中也会有泉水滋养那些小鱼。真所谓山有多高水就有多高，一点不假。令人匪夷所思的是，冰天雪地的隆冬季节，在海拔如此之高的峰顶上，这些鱼儿是怎么生存的呢?

青山北面有冰斗、冰石洼地和冰碛。来这里的学者专家一致认为，这种景象在国内外实属罕见，称得上是“世界奇观”、“天下一绝”。青山冰臼峰已被列为重点旅游开发区，据说那1999个石阶就是美国人投资修建的。

此刻，你或许已经感悟到冰臼峰的奇特了吧。

下了山，正晚霞如火，巍巍冰臼峰山影沉沉，危崖上迷迷蒙蒙，只有落日为它镶嵌的金边依然耀目，思忆峰顶上的景象已然如梦如幻。这座无名的野山啊，会让你永远留恋！有人曾赞美青山：山有魂、峰有骨、岩有相、石有灵、水有情、树有形。青山不但有威猛刚烈的风采、更有包容万物的情怀。青山有北方山岳粗犷豪放的美、壮阔博大的美、深沉雄浑的美，更有细腻柔婉的美。全长1230米的内蒙古第一高山游览索道，直通山巅，为游人提供了方便。

最具魅力的九峰山

九峰山位于阴山山脉中段，包头市土默特右旗萨拉齐镇北约10公里处，因九座巍峨挺拔依次增高的山峰相连而得名，是大青山最奇秀的旅游胜地。九峰山为东西走向，是阴山山脉中段大青山的主峰，海拔2337.8米。九峰山自然保护区总面积460多平方公里，由东九峰、西九峰、大西梁、杆林背、羊背山等大小山峰和美岱沟、水涧沟、香桂铺沟等沟堑组成。九峰山的主峰号称“小泰山”，其海拔2338米，在山峰、峡谷、瀑布、溪流的映衬下，显得更加巍峨雄奇。

九峰山是西北高原地区少有的自然风景区。区内景色优美，生态资源丰富，山体古老，森林茂密，动植物繁多，天然植被保存完整，被国际旅游联合会授予“中国最佳绿色生态景区”称号。这里不仅大小山峰峭壁屹立，雄奇伟岸，就是峡谷沟壑、溪流瀑布也很有特点。夏秋之际，漫山遍野的奇花异草争香斗艳、翠绿欲滴。特别是以东亚阔叶林为主的原始“森林岛”有着十分丰富的野生动物资源，种类保护完好，具有重要科研价值。九峰山溪流泉水甘甜明净，树木青翠、鸟鸣虫啭，真是游人的好去处。

土默特右旗境内除拥有以“小泰山”著称的九峰山外，还拥有全国唯一一处保存最完整的“城寺结合、人佛共居”的国家3A级旅游景区喇嘛庙美岱召、颇具神秘色彩的宗教圣地朝阳洞、大青山抗日司令部遗址、美国著名记者埃德加•斯诺“人生觉醒点”等景点。土默特右旗东与国家3A级景区哈素海相隔不到40公里，南与国家4A级景区响沙湾隔河相望，西与梅力更景区遥相呼应，北与宗教文化圣地五当召紧密相连。

美岱召位于包头市以东80公里土右旗美岱召镇内，它是喇嘛教传入蒙古的一个重要的弘法中心。始建于明朝庆隆年间，距今已有400多年的历史，是典型的城寺结合庙宇。美岱召仿中原汉式，融合蒙藏风格，是城寺结合、人佛共居的喇嘛庙。美岱召依山傍水，景色宜人，是阿拉坦汗及夫人三娘子（金钟哈屯）居住和议政的地方，也是喇嘛教活动场所。

五当召原名巴达嘎尔庙，藏语巴达嘎尔意为“白莲花”。蒙古语五当意为“柳树”，召为“庙宇”之意。始建于清康熙年间（1662～1722），乾隆十四年（1749）重修，赐汉名广觉寺。是第一世活佛罗布桑加拉错在此兴建的，逐步扩大始具今日规模。因召庙建在五当沟的一座叫做敖包山的山坡上，所以人们通称其名五当召。五当召依地势面南而建。它是一幢层层依山垒砌的白色建筑，群山环绕，为苍松翠柏掩映，显得十分雄浑壮观。

当年，五当召是享有特权的政教合一寺院，设有监狱、法庭，并有武装。且建筑本身以及各殿堂的壁画和雕塑体现了很高的艺术价值，有着辉煌历史的五当召，今天成为内蒙古自治区游览胜地，吸引着四面八方游客慕名而来。每年的农历三月

二十一日，在正殿举行春祭仪式，这一天，人们从四面八方来到这里，献哈达、焚香、供祭品，极其隆重，祭典结束后，还要举行赛马、射箭、摔跤等传统活动。

林——千树万树梨花开

LINQIANSHUWANSHULIHUAKAI

树木的生长
便是大地
为了同静听的天空说话
所做的没有穷尽的奋斗

走上高高的兴安岭

南有西双版纳，北有大兴安岭。

绵延中国东北方的大兴安岭，峰峦叠嶂，林木苍莽，景色雄奇秀丽，是孕育英才的灵秀之地，是曾经雄震世界的蒙古民族的发祥之地。

大兴安岭山脉，又称内兴安岭、西兴安岭，纵贯呼伦贝尔和兴安两个地区，古代蒙古族人称兴安为“哈剌温只敦”。“哈剌温”意为“被茂密的树木所笼罩的阴暗的地方”，“只敦”意为“山脊”。大兴安岭额尔古纳河畔的密林里，是蒙古族的发祥地。蒙古族的先民就狩猎在古木参天的深山中，由于原始森林遮天蔽日，一望无际，因此便以“哈剌温只敦”命名所居之地。蒙古语“只敦”一词，虽然今天在蒙古语中不通用了，但在蒙古语近族语言诸如达斡尔语、鄂温克语、满语中还被保留着，他们今天依然称兴安岭为“哈剌温只敦”。

大兴安岭山脉位于内蒙古自治区东北部和黑龙江省北部，呈东北至西南走向，是中国的著名山地和最长的山脉之一，东北起自黑龙江南岸和额尔古纳河，南止于赤峰市境内西拉木伦河上游谷地，长达1400公里，宽约200～450公里，面积约32.72万平方公里，海拔1000～1600米，最高可达2000余米，是内蒙古高原与松辽平原以及内外流水系的重要分界线。对调节气候、涵养水源、稳定生态平衡、保证山地两侧农牧业生产等方面，都有着重大影响。

大兴安岭的东部陡峻险要，阶梯地形显著，西部和缓，逐渐没入内蒙古高原。其山体比较浑圆，山脊不够明显，山顶平缓。山地中有面积较大的低山丘陵和山间盆地，山间多冲积平原、河谷平原等。山地降水较多，蒸发量小，常年保持湿润，利于森林的发育。有兴安落叶松为主的针叶林带和白桦为主的阔叶林带，是我国重要的林业生产基地，素有“绿色宝库”之称。

以兴安盟境内洮儿河为界，大兴安岭分为南北两段。北段长约770公里，地势由北向南逐渐升高，是兴安落叶松占优势的针叶林地区。山地东西两侧是嫩江右岸支流和额尔古纳河水系的发源地，岭内河流纵横，贝尔茨河、阿巴河、墨尔道嘎河、得耳布尔河、根河以及甘河、雅鲁河、洮儿河、诺敏河千回百折，各具姿态。南段又称苏克斜鲁山，长约600公里，是一个中等山地，由森林草原植被占据。西南部山体高而窄，在大板—林东—鲁北—乌兰哈达一线以东的低山带，坡缓谷宽，宽阔的山间盆地与河谷平原交错，水草丰美，是优良的天然草牧场。

绵亘于内蒙古东部的大兴安岭林区，南起洮儿河，与乌里勒吉河相接，北抵黑龙江。清澈的嫩江从它东边缓缓流过，幽静的额尔古纳河紧贴在它的西北缘。连绵起伏的山峦，形成了松嫩平原和呼伦贝尔大草原的天然屏障。大兴安岭林区是一座天然的森林宝库，是我国最大的原始森林区之一，林地面积达1400平方公里，为全国森林面积的11.2%；林木蓄积11亿立方米，为全国森林总蓄积量的12%；森林覆盖率达60%以上，比全国的平均值高4倍以上，对维护东北地区的自然生态平衡具有重要作用。

大兴安岭的旅游资源有大森林、大冰雪、北极光、大界河四个鲜明的特色，而这些鲜明的特色又都是生态旅游的最佳形式。

大兴安岭林区素有“落叶松的故乡”之称，这里生长着笔直参天的兴安落叶松，几乎每平方公里就有4万多株木材。有些地方终年不见天日，即使是白天，走进森林里也很难辨明方向。另外，大兴安岭还生长着白桦、黑桦、柞木、青杨等耐寒的阔叶林木和少量的冬夏常绿的樟子松，其中落叶松林占全部林地面积的一半以上。在起伏绵延、一望无际的绿色林带中，生活着众多的珍稀动物：獐、熊、鹿、丹顶鹤、白天鹅、雉鸡、飞龙、狐狸、猞猁、狍子等，为如画的风景带来无限的生机和活力。据当地人讲，每当有客人来访，主人出去到溪边垂钓，不一会儿，就满载而归，哲罗鱼、鲤鱼、野鸡、野兔等的鲜美饭菜就被端上饭桌。大兴安岭林区的野生动物资源的丰富可见一斑。

大兴安岭林区是一座保持着原始生态的天然动植物园，不同季节有不同的景色。

当白桦抽出嫩芽、红柳萌生出新枝的时候，春天的大兴安岭，松涛起伏，群芳吐艳，真是风景如画。林中的枝头上不时传来布谷、杜鹃、交嘴雀动人的歌声。林间草坪、溪河之畔，一片片映山红、野百合、玫瑰、红芍药、白芍药、野罂粟以及遍地的黄花和玫瑰，万紫千红，光彩夺目。据调查，仅山花一项，大兴安岭就有3000多种。这里还有猴头、蘑菇、木耳、蕨菜等珍贵植物。大兴安岭还有100多种名贵的野生药用植物，素有“一把捋三草，草草皆是药”之说。这里的空气异常清新，空气里飘满了花草和松脂的芬芳，沁人心脾。

夏日里，林中云雾飘荡，百木争荣，苍翠欲滴。就是绿色，也有不同的色彩层次：深绿、浅绿、黛绿、暗绿，最终融为浩荡无边的绿色海洋。山中平静的湖水中倒映着山林、蓝天与白云，野鸭、鱼鹰

上下翻飞，在湖中啄鱼；红冠青尾的丹顶鹤时时起舞在青松之顶，栖落在湖光山色之间；连难得一见的雪白羽衣的天鹅，有时也会悄然降落在这美丽的湖水边。此时会变色的岩雷鸟（又名变色鸟）也穿起深灰色的带斑纹的“外套”，混同在花丛中，难以辨认。湖畔奇石嶙峋，石上披满苔藓，石缝里花草杂生。

夏末初秋，每当雷雨之后，在柞树干上便生长出形似毛猴的真菌，在探头张望。这就是大兴安岭驰名的山珍猴头。在碧绿的林间草地上，还可以看到一圈圈白蘑以及桦树磨等，丰腴诱人，清香扑鼻。山珍猴头不仅味道鲜美，而且含有丰富的蛋白质、维生素和矿物质，可以与药物配合治疗消化不良、胃溃疡、神经衰弱等病症。秋霜之后，是大兴安岭最美的时节。浅红的柞叶、金黄的桦叶、银白的桦干与翠绿的松柏相映成趣，恰似一幅色彩缤纷的天然图画。林中随处可见挂满了枝头的累累果实，褐色的榛子、串红般的山丁子、黑紫色的稠李子、紫色的杜柿果……

9月，一场大雪过后，大兴安岭银装素裹，一片洁白。雪山映衬下的青松更显苍翠挺拔。清早，从树洞中窜出来觅食的小松鼠，伶俐乖巧，却被突然跳出的猞猁惊跑。雪地上印满了小至地鼠、雪兔，大到獐、狍子甚至是野猪、黑熊的脚印。会变色的岩雷鸟，此时又把羽毛变成了灰白色，在雪中漫步，不时拍打着翅膀，扬起阵阵雪雾，以

此迷惑敌人。大兴安岭冬的生机是从这些动物的身上得到体现的。

大兴安岭林区的美景，让许多游人流连忘返、激动不已，著名作家叶圣陶先生在《诗三首•精研》中写道：“母林绿暗幼林鲜，嫩绿草原相映妍。间以桦树挺银干，画家着笔费精研”。

大兴安岭林木茂盛、碧草茵茵，景色美不胜收，即使是高明的画家费尽思虑也难以画出。当代蒙古族著名诗人蒙根高勒在其长诗《走马兴安岭》中，喷吐如火的激情，热烈赞美兴安岭，赞美她的丰饶、她的美丽、她的柔情，抒情长诗的开始，诗人便以清新且形象生动的语言描绘了兴安岭永恒的雄姿：“像众鸟飞翔张开清香四溢的翅膀，以伟大的不朽与繁衍拥抱山冈，以恒久的恬静呈出缤纷的景致。”诗人赞美大兴安岭雄伟的山势、宽阔的胸怀，因为那是个“故土的神灵和梦的谣曲”。冰雪消融成春水，滋润催生万物，万物也得其天势旺盛生长。

一时间，造物主的杰作仿佛都通过它的骄子——兴安岭呈现给了人间，人间也因此变得更加多姿多彩。著名历史学家翦伯赞先生则把大兴安岭称为中国北方民族历史上的一个后院，他在《大兴安岭顶远眺》中写道："无边林海莽苍苍，拔地松桦亿万章。久矣羲皇成邃古，天留草昧继洪荒。"

在漫长的历史长河中，这里不仅是人类的发祥地之一，也是许多民族的肇兴之所。在大兴安岭的深处，至今还生活着鄂温克、鄂伦春等古老的少数民族。鄂温克的民族舞蹈、桦树皮工艺品，鄂伦春的"篝火节"、"吃黏饭"婚俗以及剪贴画、骨筷等等，都体现了浓郁的民族风情，给游人留下深刻美好的印象。

总之，独特的边陲景色、充满野趣的森林风光、与众不同的气候条件和地质景观、源远流长的人文历史构成大兴安岭的旅游特色，令游人乐而忘归。

沙海翡翠大青沟

在辽阔的科尔沁草原西部沙海里，有一条长达24公里的沙漠大沟。沟上沟下树市葱郁，鲜花盛开。沟底千万条淙淙泉水汇成一条长长的溪流，清澈透明。沟的两岸草木丛生，常绿树与落叶树并存，乔木与灌木掺杂，鲜花与绿草相间，溪流与明沙相依。这就是被称之为科尔沁沙地绿色明珠的大漠奇观——大青沟国家级自然保护区。

大青沟国家级自然保护区是一处保存完好的古代残遗森林植物群落，总面积12.5万亩。大青沟在蒙古语中被称为“冲胡勒”，是内蒙古著名的珍贵阔叶林自然保护区。它地处甘旗卡镇西南25公里处，是一条南北走向的绿色深谷。 大青沟横卧在哲里木盟南部的原野之上，与长约250多公里的科尔沁沙带相接壤。大青沟宛若一块绿色翡翠，镶嵌在这茫茫的沙海中，给人以无限的希望和生机。

大青沟自然保护区1980年由国务院批准建立，1988年划为国家级自然保护区。

大青沟素有“沙漠绿洲”、“沙海明珠”和“天然野生动植物基因库”等诸多美誉，总面积8183公顷。大青沟沟深50～100米，宽300～400米，由北向南绵延20余公里。沟内千眼泉水，终年流淌。沟底及两侧古木参天，乔、灌、草丛生茂密，生存着709种原始稀有植物树种，被联合国教科文组织列为世界科学考察项目，先后有57个国家和地区的专家、学者来此进行学术考察和研究。由于具有保存完整的森林生态系统，多种动物和鸟类在这里栖息繁衍。目前发现的野生动物有野猪、狍子、狼、梅花鹿、狐狸等。

沿着一条长满芳草的小路下到沟内，空气湿润、绿树茂密、鸟声婉转、流水淙淙。在这条绿壑中，还有一处奇妙的自然景观——“仙人桥”：一棵巨大的黄檗树擦地而长，竟从地下河的一端直搭到对岸，就像一座人造拱桥。置身于这条沙海绿壑中，如同走进山清水秀的江南，叫人流连忘返。

大青沟的生物资源极其丰富，其三层排列的植物群落清晰可辨，这在我国乃至世界上都是奇特而少见的。大青沟地处西辽河流域南部的科尔沁沙地中，沟内保存着珍贵的阔叶树种混交林，沟上为沙丘草原和疏林地，与周围浩瀚无垠的沙坨景观形成了极为鲜明的对照。区内植物区系组成比较复杂，高等植物有767种，其中水曲柳、胡桃楸、天麻等为国家重点保护植物。沟底为水曲柳群落，以水曲柳、椿树居多，杂以黄菠萝、朝鲜柳；沟坡为蒙古栎群落，蒙古栎、枥桑成荫，间以山杏、紫椴，伴生着山丁子、花盖梨；沟口为大果榆群落，点缀着色木槭。到了深秋，榆叶转黄，槭叶红艳，红黄相间，一片灿烂。沟中随处可见五味子、五加皮、南蛇藤、金银忍冬等珍贵的药用树种以及天麻、天南星、四叶参、黄精等珍稀的药用草本植物。沟中还有黄花、蕨菜、山芹菜、黑木耳、云芝、草菇等众多可食用的野菜及真菌。在保护区的旅游餐馆中，可以尝到刚从沟中采来的颜色翠绿，味道鲜美的山芹菜。大青沟内还是动物的乐园，栖息着狼、獾、刺猬、山鸡、野鸭、灰鹤等多种珍稀动物，仅食虫益鸟就有啄木鸟、杜鹃、黄鹂、柳莺等38种。据统计，野生兽类38种、鸟类92种、菌类20余种，仅草本、木本植物，保护区内就有450多种，分属于94科290属，以长白山原始植被为主，兼有东北、华北、西北甚至亚热带的众多天然次生林种，是我国北部沙地中的一座罕见的天

然的植物园宝库，同时也是旅游、科研的理想场所。近年来，由于人们环境保护意识的不断增强，大青沟内的雄性野猪甚至明目张胆地进入村内，与村内的家猪交配，生了十几窝小野猪。这些小野猪浑身长满了各色条纹，活泼可爱。

著名的昆虫学家、内蒙古师范大学教授能乃扎布先生曾先后四次来大青沟考察。他在这里捕捉到了一只“乌凤蝶”，异常珍贵，因为这种蝶只有在南美洲才可以见到。他把这只“乌凤蝶”放到他在呼和浩特的生物标本室中，让他的学生好好地观察一下。就在不加控制的大规模的人类活动不断撕毁大自然的杰作时，大青沟却默默保存了一幅奇妙的画卷。大青沟因此成了我国北方古地理、古生物的自然研究所。

在极其丰富的动植物资源之外，大青沟的水源也异常丰富，不仅为植物的生长提供了良好的条件，还聚合成了沙漠之湖一小青湖。微风轻抚，碧波荡漾，仿佛镶嵌在无边沙漠之中一面明亮的镜子。湖上白色的水鸟翩翩飞翔，为大自然带来了生机。

由于特殊地形和绿色植物的影响，大青沟内外气温明显不同。即使是初夏时节，由于沙漠的作用，沟外烈日炎炎，气温高达30℃，下到沟内则清凉湿润，舒适宜人。据导游说，就是在严寒的冬日，沟内也气候宜人，温暖如春。在沟外大雪纷飞、滴水成冰之时，沟内依旧流水潺潺，生机无限。真可谓沟里沟外两重天。

大青沟内古树参天，林海苍茫，云遮雾障；林下遍生奇花异草，林间栖息珍禽异兽；谷底泉水叮咚，四季涌流。小青沟虽小，却以湖光山色向人们展示出另一番胜景。大小青沟交汇处，三岔合一，碧海接天，幽谷森森，风光旖旎，令人叹为观止。更兼保护区由起伏无边的沙地草原所环抱，因而，宜人的景色，奇特的地貌，众多的物种和古朴自然的草原风光，无不让来这里避暑休闲、度假科考的人们流连忘返。古老神奇的大青沟正以其原始自然、古朴纯真的自然景观和人文景观，迎接每一位热爱大自然的朋友，投入它梦一般温馨的怀抱。

大青沟以奇特的地貌、茂密的原始森林、清澈的溪流、湖泊和周边广袤的沙漠，以及当地蒙古族独特的接待礼仪和饮食风情构成的自然生态和民俗旅游产品，不仅在内蒙古享有盛誉，而且在大半个东北也声名鹊起。目前已开发的旅游景区有原始森林景区、三岔口漂流探险景区、小青湖水上乐园景区三大景区二十多个景点。自2001年以来，每年举办大青沟民俗文化旅游节，吸引了大量游客。

克什克腾的沙地云杉林

沙地云杉是稀有珍贵树种，现全世界仅存十几万亩，全部生长在内蒙古自治区。集中成片的也只有3万多亩，又都集中在内蒙古自治区克什克腾旗。

克什克腾旗位于内蒙古东部，风光秀丽，物产丰饶，历来就有

"平地松林"的美誉。在距离旗政府所在地经棚镇西北75公里处，有一处国家级自然保护区——白音敖包自然保护区。登上白音敖包山顶远望，在明如雪野的浑善达克沙地上，镶嵌着万顷碧翠，这就是驰名中外的沙地云杉。

沙地云杉是世界罕见的稀有树种，由它组成的沙地云杉林被学术界称为"沙地云杉生物基因库"，对研究植物及古气候的变迁有重要的价值。保护区内有沙地云杉林2400公顷，最大树龄有500～600年，最小的树龄也有100年之久。树高25～30米，平均胸径22～36厘米。沙地云杉树形似塔，树干呈红紫色，挺拔俊秀，无论是盛夏还是严冬，它都郁郁葱葱，苍翠欲滴。2400公顷的沙地云杉构成了一个气象壮阔、让人心动的绿色海洋。

这片沙地云杉林能保存至今，有一个古老而神奇的传说。相传在很久很久以前，有一天，在太阳要落山的时候，忽然，天空中霞光万道，彩云飞舞，万鸟齐鸣。太阳落山后，天上的星星明亮闪烁，甚是迷人。这种奇特的景象，使当地民众兴奋不已，欢呼雀跃。第二天，当人们一觉醒来的时候，开门一看惊呆了，只见远处山坡上长满了高大挺拔的松树（沙地云杉）。惊奇之后，随之而来的是兴奋，因为这片森林将改变当地民众的生存环境和生存条件。不久，来了一位德高望重的大喇嘛，他在森林内观望了许久，自言自语道："宝地，宝地呀！"于是，他就在林间空地建造了一座喇嘛庙，从此，一年四季来这里朝圣的人络绎不绝， 终日香火不断，真是兴旺得不得了。鼎盛时期，寺院里有喇嘛30多位。又过了几年，大喇嘛决意离开这里，寺院里所有喇嘛跪拜送行，只见大喇嘛飘然向西方而去，消失在天地间。第二天天亮后，人们发现这片沙地云杉向大喇嘛离去的方向移动了很多，如果不想办法把这片森林锁住，这些沙地云杉就要离开这里了。众喇嘛发现这片森林里有一棵神树，也叫树王，就是它在带头移动。有人出主意说，做一条铁索链子，用它将树王锁住；这一招果然灵验，树不走了。为保护好这片森林不遭砍伐和破坏，喇嘛制定了民规乡约，称这片森林都是神树，它能保护一方平安，谁要砍伐必遭灭顶之灾。因此，这片沙地云杉得以保存至今。

沙地云杉属浅根系树种，它的侧根系较发达，根长是树干的3倍，由于它的根系蔓延交织，盘根错节，所以可以聚拢散碎的细沙，对防风固沙有特殊效果。白音敖包自然保护区内的这片云杉控制着面积约16700公顷、厚10～100米的大沙丘。所以，保护好这片云杉林，对研究和防治我国北方土地荒漠化，保护京津地区的周边生态环境，有着重要的意义。沙地云杉又是耐阴性较强的树种，喜寒冷与阴冷的气候，常在高纬度的寒带、寒温带与其他喜冷凉气候的树木如松树等形成混交林。云杉不仅创造了沙漠生命的奇迹，还以其不畏严寒、傲然挺拔的雄姿赢得人们的青睐。沙地云杉浑身是宝，因其木质细腻，纹理通直、匀称，有良好的共鸣性能，是制作乐器（提琴、钢琴等）的上好材料。采云杉脂可以制作成松香、松节油。云杉是常绿乔木，树姿优美，是绿化环境的首选树种。

白音敖包沙地云杉林四季景色优美。无论你选择什么样的季节到来，都会获得美的享受，得到一份意外的喜悦。春季风和日暖，林中杏蕾红红，兰花朵朵，百鸟鸣唱，松、桦、柳连枝交叶，竞向参天，明丽的阳光透过茂密的枝叶洒下点点光斑，柔柔的微风催开的是一个万紫千红的百花园。夏日漫步林间，草长莺飞，杂树生花。山丹丹花遍地红艳，山梨花满树披雪，林间弥漫的浓浓花香沁心透肺。大片大片的金雀花、野芍药、金莲花、山刺梅、干枝梅争相怒放，红彤彤、蓝莹莹、金灿灿，把林间空地布置得缤纷绚丽，如诗如画。潜伏在林间的河水时隐时现、婉转如带，欣然流出郁郁葱葱的云杉林，流向鲜花盛开的草原，最后汇入碧波荡漾的达里诺尔湖。当夕阳为云杉林镀上一层金色的霞光时，在林边的森林木屋中静坐，聆听松涛阵阵、流水潺潺，更有一种幽情雅趣。当秋风阵阵吹起之时，映衬在苍翠的云杉下，红枫似火，层林尽染，林间硕果累累，压弯枝头。置身于林间，闻鸟鸣，听流水，观鹿走禽飞。冬日里百草凋零，万木枯黄，在天地一片衰飒之时，只有云杉枝繁叶茂，一派生机。

白音敖包沙地云杉林与千里绿色草原相连，附近有碧波荡漾的月亮湖，东边紧邻星星塔拉度假村，可骑猎、垂钓、观光、娱乐、餐饮，是游人的好去处。

哈达门国家森林公园

哈达门国家森林公园坐落在呼和浩特市北面的大青山中。这里山路曲折，峰峦叠嶂，山山有景，沟沟迷人。这里风景如画，四季皆美：春日百花盛开，盛夏林市苍苍，金秋层林尽染，隆冬白雪皑皑。加上丰富的动植物资源，使这里成为塞外著名的旅游胜地。

夏季，站在哈达门国家森林公园的山峰上，举目遥望，萋萋绿草映衬下盛开的山丹丹花，一片片，一丛丛，红艳如火；如洗的碧空下青山苍苍莽莽，起伏蔓延。穿过一片开阔的草原，便来到了森林公园最美的地方。从一面陡坡拾阶而下，是一条曲折的山涧，涧中流水潺潺，如鸣琴弦。山涧对面则峰峦挺秀，绿树成荫，苍翠浓郁。面对如此美景，无论是谁，都会油然而生一种想亲临其上的强烈愿望。？过涧水，缘着嶙崎的怪石和生长在怪石中的白桦树，一路登攀，你就可以到达洁白的云丝从你身边缕缕飘过的峰顶。

哈达门国家森林公园风景资源丰富，入目的皆可观可赏，不仅可观花，也可以赏雨，赏雨中的青山绿树、碧草花红。由于良好的区域生态环境，这里雨水丰沛。随着几片乌云的会聚，就会有雨的到来。起初是点儿，但点儿饱满，打在脚下的青石上，噼啪有声，激珠溅玉。接着由点成线，一缕缕，一条条，刹那间便在游人的眼前织成一张半透明的雨幕。透过这张半透明的雨幕，看近处的树，绿叶扶疏，青翠欲滴；看远处的山，山色空蒙，若隐若现，在清雅中显出几分俏丽。唐人宋雍说的“绿杨宜向雨中看”，宋人张耒说的“天畔青山隔雨看”，就是眼前的情景。在古人看来，雨幕犹如一条薄纱，是天然的隔景材料，借此可以进入一种悠远迷离又隐约可辨的奇妙的美学意境中，获得晴日里所没有的审美享受。此时如躲进一块突出的岩石下，敞放胸怀、凝神去虑，以平日里少有的宁静，就可以纵情赏观雨及雨中之景。雨水从岩石的两侧汇聚而下，如泉流瀑泻，铿然作响，煞是动听。此时的雨落声、水流声，汇入内心，变成情绪流动的节奏，别有一番韵味。

沉浸在对“至清”的自然音响——雨声如痴的品赏之中，适才的雨幕已化作一片茫茫的白色，将远山、远树隐没，天地万物都统一在一种格调中了。苏轼的“山色空蒙雨亦奇”，正是哈达门国家森林公园雨中美景的写照。

一场透雨初过，森林公园里山鸟呼晴，鸣声清越；涧水暴涨，激越奔腾。此时西望，山色青苍，夕阳燃烧如火，艳丽无比，等到明月升起、星光一片灿烂之时，游人的心神不禁为之一动，今夕又是何夕呢？

戈壁滩上的胡杨林

我国西北地区浩瀚的大漠是最干燥缺雨的地方，严酷的自然环境使得这里少有植物。但如果在这些沙漠的边缘——额济纳旗的戈壁滩上去旅行，却会看到绿色，看到在那茫茫的沙砾质荒漠上，疏疏落落地出现大片的胡杨林。这些胡杨树枝叶繁茂、郁郁成荫，如同一道道绿色长城，为戈壁滩固沙御风增添了无限生机。在额济纳河下游的两岸，胡杨更是丛林遍野，绿树葱茏，掩映着农村牧舍，俨然形成了戈壁上的桃源胜境，令人向往。额济纳的胡杨林是世界上仅存的三大胡杨林，有胡杨林约25万公顷，是额济纳绿洲的主体，蒙古语称“陶来”。

胡杨也叫胡桐、异叶杨，是世界上最古老

的杨属植物，主要分布在内蒙古西部以及新疆、青海、甘肃、宁夏等降雨少的高寒、高海拔地区，甚至可以生长在海拔2300米的地区。它的树干高大，通常在10米上下，高者可达20余米，胸径60厘米。胡杨树皮灰褐色，叶片宽宽窄窄，大小不一。胡杨树叶形多变，在幼树或嫩枝上的叶呈线状披针形，而中年树上的叶子却变成卵形或肾形，与银杏树的叶子相似，所以又称“异叶杨”。

胡杨是适于旱生的落叶乔木，有很强的适应恶劣自然环境的能力，喜光、耐热，抗干燥。它的根系总是朝着水分多、肥料多、空气流通的方向发展。当左面的水源断绝时，便用右面的根系汲取水分。当四周的水源都处于贫乏的状态时，胡杨也会采取相应的措施，自动减少枝叶的生长，以降低水分的蒸发。一旦地下水分增多时，它就会快速抽枝长叶，恢复原来的生长能力。盛夏时节，胡杨会密密麻麻地结出一串串浅黄色的蒴果，果实张开一条小小的裂缝，不停地“吐”

出雪花似的白绒，这就是胡杨的种子。每一粒仅有芝麻般大小，身上披着冠状长毛，可以随风飘荡，到处生根发芽。

胡杨的最大特点是地下根系发达，不仅深入地下2～5米，而且密如蜘蛛网，向四周扩散，仅是一棵胡杨树就能汲取几十米内的地下水。出生的幼苗总是优先长根，根发展的速度比长苗的速度要快四五倍。等根系长好后，具备了充分吸收水分的能力，它才开始迅速生长树干，最快时一年可长高1米。胡杨不怕干旱和风吹沙打，又耐盐碱，像坚韧不拔的勇士一般，顽强地屹立在气候干旱、风沙连绵的戈壁滩上。

如果用刀子剖破胡杨的树皮，立刻会流出一些汁液来，当地群众叫它"胡桐泪"。这是一种树液，为碱性液体的凝结物，可以药用，能清热解毒，制酸止痛，用它还可以制作肥皂。一株高大的胡杨树一年可生产几十斤碱。胡杨的叶子可降血压，将花适量外敷可止血。胡杨的木材纹理美观，耐腐耐湿，不受虫蛀，是制作家具的良材。

胡杨树春紫、夏绿、秋黄、冬白，四季皆可观赏。尤其是在深

秋时节，额济纳河（古称“弱水”）边的胡杨一丛丛、一片片，在季节的催促下，渐渐变成了金黄色，映衬在明丽浩阔的蓝天下，金光四射，仿佛相约光顾人间的精灵。给人以深深震撼的是胡杨的挺拔苍劲。粗大的树干布满了岁月的刻痕，树桠虬结，倾斜而扭曲地向上攀升。即使是那些已经失去了枝叶枯死的胡杨，依然顽强地把躯干伸向天空。“生而千年不死，死而千年不倒，倒而千年不朽”，这就是胡

杨！胡杨所展示的是一种沙漠生物所特有的执著、顽强，对严酷生存环境不屈的抗争精神和品格。胡杨就这样感动着每一个亲临它的人，从胡杨身上我们获得是一种倔强的生命和勇气。

由于胡杨是沙漠地区宝贵的植物资源，对改善当地的环境条件，阻挡风沙，保护农牧业生产起到了重要作用，其珍贵性可与银杏树相比，因此国家已把它列为三级保护植物。早在1992年，内蒙古自治区已把额济纳旗七道桥胡杨林列为森林生态系统自然保护区。

内蒙古额济纳胡杨林位于额济纳旗的中心位置——额济纳绿洲，这里是世界上唯一也是最大原始胡杨森林保护区，林区面积达38万亩，苍凉壮观。额济纳旗旗府四周有大片的胡杨林，往东总共有八道桥，每道桥都有胡杨环抱。胡杨林最美的观赏地应在一道桥至八道桥之间，摄影发烧友都会选择来这里拍摄。其中，二道桥充满原始风貌，水道宽阔，间有蒙古包和绵延的沙丘作陪衬，是拍照的好地方。尤其不容错过的是居延绿洲，那里有我国境内最大、最粗、最老的胡杨树，相传是三百多年前土尔

扈特人放火焚林后，唯一留下来的一株。

胡杨是中亚地区惟一适合生长的乔木，它是大自然漫长进化过程中幸存下来的宝贵物种。它妩媚的风姿、倔强的性格、多舛的命运激发人类太多的诗情与哲思。古往今来，胡杨已成为一种精神而被人们所膜拜……

沙漠斗士柽柳

在内蒙古东西部的茫茫荒原上，自然环境恶劣，可见的绿色植物不多，但有一种绿色植物却随处可见，它就是死死咬住沙漠不放、名副其实的沙漠斗士——柽柳。

柽柳，又叫“红柳”、“观音柳”、“西河柳”、“三春柳”，“柽”，意为赭色，指茎皮红色。柽柳属于柽柳科落叶小乔木或灌木，主要分布在沙丘间的洼地，在低湿的盐碱地、古河道及湖盆边缘也会成片生长。通常高3～5米，最高可达7米左右。柽柳枝叶茂盛，根系庞大、发达，属深根性植物，主根可深达10米以下的水层，侧根向四周扩散达5米左右，树龄长达百年以上。柽柳稠密的根茎盘根错节地紧紧咬着流沙，可以使寸草不生的荒漠、半荒漠以及流动沙丘变为林草茂盛的绿地。

柽柳对土壤条件有很强的适应能力，有保持水土、防风固沙的特殊功能。柽柳耐干旱贫瘠，耐沙打风蚀，不怕沙埋、沙压、沙割，易繁殖成活，生长快，更新复活率高，比其他树种在流沙丘上更易造林。柽柳生命力强盛，枝条被沙埋没后，能生出不定根系，以此来抗拒风蚀沙打。柽柳耐盐碱，插穗在含盐量0．5%的盐碱地上能正常出苗，根系能够吸收大量的盐分，经枝叶排出体外，因此，种植柽柳可使土壤中的盐碱成分降低40%～50%，具有改良土壤的功效。柽柳喜光照，是少见的既耐高热又耐严寒的优良树种，夏季可耐受48℃的高温，冬季可抵抗－40℃的严寒。

柽柳枝条细长、叶很小、密生、小鳞片状，有极强的适应干旱环境的能力。柽柳叶小鳞片状，就是为了抵御干旱，最大限度地减少水分蒸发。柽柳夏秋季开出小花，花为粉红色，花期长，是蜂蜜采食的主要花源。柽柳树姿美观，枝条呈紫红色或红棕色，但枝条青翠。每当穗花盛开之际，气味清香，红绿相映，显得阿娜娇艳，别具风趣， 因此又可作庭院观赏树种。

柽柳具有顽强的生命力，可调节气候、涵养水源，是干旱地区、流沙地区造林的优良树种和主要树种。在低山、山麓、平地、滩地、河边、沙丘和轻碱滩均可栽植，在地下水位较高的固定、半固定沙地上栽植，生长尤为良好。

柽柳的叶可入药，能疏风解表，透疹，主治麻疹不透、感冒、风湿关节痛、小便不利，外用治风疹瘙痒。柽柳枝条柔韧、有弹性，可用来编制筐、篮、箱、笆和其他工艺品。以条代木是草原建筑不可缺少的原料。柽柳枝条柔软细长、弯曲度大，既是造纸、化纤工业的

原料，也是牛羊等牲畜喜食的营养丰富的饲料。

柽柳广泛生长在内蒙古东西部一些地区，其中又以锡林郭勒草原分布较多。柽柳林是锡林郭勒草原上的主要林业资源之一，占锡林郭勒草原上灌木丛林总面积的60%以上。在锡林郭勒盟，柽柳主要生长在浑善达克沙地、沙丘上，是锡林郭勒干旱荒漠地带和盐碱滩地植树造林和绿化的主要树种之一，也是用于沙漠地带防风治沙的主要树种之一，故亦为乡土树种。

红柳没有伟岸的身躯，没有婀娜的风韵，也没有甘甜的果实，却有着最执著的根蒂，和戈壁紧紧相依。在大片柽柳的包围中，昔日流沙移动的荒漠已经变成了牧草丰美、野花盛开的绿野。

西山樟子松

西山自然保护区位于海拉尔市市区西部的西山国家森林公园，是我国惟一以樟子松为主体的国家级森林公园。森林公园总面积21万

亩，水面积2万亩。西山公园有天然樟子松4600余株，其中百年以上的古松有1000多株，最高的树龄已达500年，最大的直径达100厘米。樟子松又称海拉尔松，属于欧洲赤松的一个变种，是我国北方珍贵的针叶树种，是亚寒带特有的一种常绿乔木，有“绿色皇后”的美誉。西山国家森林公园里除松林外，还有东杨、家榆、稠李、山丁子等野生树木40余种，蒙古百灵、戴胜、啄木鸟等野生鸟类60余种。在“千里冰封，万里雪飘”的冬季，西山国家森林公园的樟子松却依然翠绿葱茏、挺拔遒劲地迎风傲雪，成为人间奇观。如果穿上滑雪板滑行于苍松翠柏之间，那冬之韵味令人心旷神怡，别有一番情趣。

早在清代，西山自然保护区就被列为呼伦贝尔八景之一，因沙埠古松而闻名，是我国唯一以樟子松为主体的国家级森林公园。该园总面积22万亩，分为南园、北园、西园和后备资源区，统称为三园一区。

南园内有距今几千年前北方草原细石器时期文化遗址，是中国北方四处细石器时期文化遗址之一，对研究中国古人类的社会形态极具参考价值。名人峰南侧有三处侵华日军工事遗址，建于1934年，当时被称为沙松山阵地，是侵华日军在中国东北15处筑垒地域中的一处，1945年在抗日战争中被苏联红军摧毁。近几年，公园在南园陆续建成了民俗风情园餐厅、海拉尔展馆、植物园、动物园，开发了名人峰的树王、守望松、中弹树、甘泉松、连理松、根披等景观。

北园是三园中面积最大的，北园的樟子松保持着自然状态。该园内以白沙滩最为出名，白沙滩的沙质细腻洁白，景色迷人，草原、樟子松天然林、白沙滩相融合，构成一幅优美的画卷。丰富的森林、草原资源所围成的大面积的生态系统极适宜野生动物的生存，在北园开发散养式野生动物园，不仅为北方野生动物建立自由自在的家园，同时也丰富了景区的游览内容。 西园主要以湿地为主，湿地总面积2500公顷。共有15处湖面，面积达250公顷，其中以冰湖面积为最

大，达56公顷。湖内栖息着众多的水鸟，有国家二级保护动物天鹅，有灰雁、苍鹭、灰鹤、野鸭等大中型水鸟，及一些不知名的小型水鸟。中日友谊林地处西园大面积平坦的湿地草甸植被上，种植的樟子松大苗已成规模，象征着中日人民的友谊万古长青。

后备资源区由母树林采种区、防护林建设区、林草示范区、沙地治理区、湿地保护区、育苗及科研区组成。区内的人工林是1980年栽植的，现已成林，为天然的森林氧吧。海拉尔国家森林公园是海拉尔地区植物种类分布较为集中的地区，具有典型的沙地海拉尔松植物群落的特点，有各种植物41科120属160多种，其中树市10科21属40多种，主要有海拉尔松、兴安落叶松、云杉、中东杨、家榆等。动物主要以鸟类为主，有

15目24科60余种，主要有蒙古百灵、戴胜、白腰朱顶雀、三趾啄木鸟等。公园地形为东高西低，海拔高度在612～462米之间，东部为起伏多变的沙丘地带，西部为草原地带，地势较为平坦。园内以著名的樟子松天然林为主要景观。樟子松天然生长在沙丘上，属松科常绿针叶乔木。树高可达30米，胸径100厘米，树皮厚，树干高直、体型健美、树盖如伞，具有耐寒冷、抗干旱、耐瘠薄的特点。园内百年古树1000多株，其中胸径最粗者，可达100厘米，需两人合抱。站在名人峰上俯瞰茫茫林海，倾听阵阵松涛，可见祖国北疆自然风光之秀美。 近年来，海拉尔国家森林公园在海拉尔区旅游局的统一指导规范下，按照国家旅游区（点）质量等级评定标准，逐步完善各项服务功能及设施，现已发展成为一个集娱乐、休闲、科普教育于一体的旅游胜地。

原——大漠风尘日黄昏

YUNDAMOFENGCHENRIHUANGHUN

天空的蔚蓝
思慕大地的苍翠
风在天地间长吁短叹
同一个太阳
在无穷无尽的黎明的光环里
在新的土地上新生

古老神奇的鄂尔多斯高原

鄂尔多斯为蒙古语，意为很多的宫帐。因明代时成吉思汗陵寝移至此处，蒙古族游牧部落号称鄂尔多斯，故高原也以此命名。鄂尔多斯高原地处黄河万里长城的怀抱之中（即三面为黄河环绕，一面为万里长城），东南、西与晋、陕、宁接壤，北与自治区首府呼和浩特市和包头市隔河相望。3.5万年前，鄂尔多斯是著名的“河套人”繁衍生息的地方，也是“河套文化”的发祥地。一代天骄成吉思汗的陵寝就坐落在鄂尔多斯中部的鄂尔多斯伊金霍洛草原上。

站在鄂尔多斯高原上举目四望，你会看到，滚滚黄河水三面环绕鄂尔多斯，依依不舍向东南流去。绿色长城在南部蜿蜒，明沙与林带缠绕，黄色与绿色相织。白云随着高原长风走远，带着鄂尔多斯浑厚粗犷的“蛮汉调”。古老神奇的鄂尔多斯捧起哈达，迎接每一个踏

上这片土地的人，让你领略它的博大，神秘，浑厚和它的壮丽。

据考证，鄂尔多斯是最原始的古陆之一。6亿年前，鄂尔多斯古陆下沉，海水浸漫，形成著名的“鄂尔多斯古海”。到古生代末期，一场造山运动使古陆再次隆起，几经沉浮，几经动荡，逐渐形成今天山峦起伏的高原。古老的鄂尔多斯经历了复杂而剧烈的地质构造运动和海陆变迁，为今天的人们献上丰富的宝藏。活跃在这片土地上的远古生命进化繁衍，盛衰兴旺，留下层层历史遗迹，勾起今人无限遐想。眺望鄂尔多斯的广袤草原、起伏沙海和肥沃农田，你难道不会油然而生沧海桑田的感慨？

大量考古资料证明，古老神奇的鄂尔多斯高原是人类古文明不断延续的大地。

1922年，法国天主教神父、地质古生物学家桑志华根据蒙古族居民旺楚克提供的线索，在萨拉乌苏河两岸挖掘出大量脊椎动物化石和一批旧石器时代文化遗物，以及三件类似化石的人类肢骨和一枚门牙化石。这枚门牙化石据鉴定是35000年前的人类门牙化石。后来考古学家用“河套人”命名萨拉乌苏河一带的古人类，他们创造的文化被称为“河套文化”。

1974年考古工作者在伊金霍洛旗的朱开沟挖掘出一处原始社会晚期到夏商时代的古文化遗址，命名为“朱开沟文化”。“朱开沟文化”距今5000～4000多年，从早期到晚期延续了1000多年。遗址有5个自然发掘区，各区不同的文化堆积多者5层，少者3层，综合起来，有仰韶文化晚期、龙山文化早期至殷商早期的七层堆积。还挖掘出大量文化遗物石器、陶器、青铜器等。在朱开沟发现了几十座陶器作坊，这里的制陶业非常发达，而且有专门从事制陶的人，说明已存在原始交换。

而大量的制作精美的青铜器证实了“鄂尔多斯青铜文化”起源于鄂尔多斯。伴随青铜短刀、短剑一起下葬的有大量的猪下颌骨，应该是畜牧业开始发展的表征。“鄂尔多斯青铜文化”是游牧民族匈奴文化的代表。阿鲁柴登发现的金质“胡冠”和西沟盘发现的金饰牌分别代表了其后的铁器时代匈奴文化。

鄂尔多斯草原混杂着高平地草场、荒漠草场和沙地草场。草原夹在南北两大沙漠中，显现了独特的风貌。抗旱、抗风沙的植物是牧场的骄子，如沙蒿、苜蓿、草木樨、羊柴、芨芨草。这些顽强的植物一听到春的脚步，就在风沙里渐渐变绿，看似不起眼的花朵片片开放，草原像铺开彩色的地毯，绚丽多姿。那盛开的百花中，夹杂着一种绛紫色和紫红色的小喇叭花，当它漫山遍野开放时，空气中便会弥漫着沁人心脾的甘甜和清香。它就是鄂尔多斯特有的“梁外甘草”，称得上是甘草之王。鄂尔多斯人亲切地叫它“甜根根”。传说成吉思汗征战中路经鄂尔多斯，曾煮甜根根水为士兵消暑。

人们在保护天然牧草的同时，大量种植抗沙牧草。沙打旺如绿色的云飘落在鄂尔多斯，在牧民精心栽培下，逐渐向沙漠蔓延。柠条被鄂尔多斯人称为“四季草”。一丛丛一簇簇，春天舒展开嫩绿的枝条，夏天绽放出浅黄色的花朵，秋日里变得茁壮充盈，冬天的严寒风霜使它凝聚、沉睡。这像树似草的植物是大自然赐给沙漠草原的瑰宝。近年来，鄂尔多斯人用飞机播种抗沙植物，取得了显著效果，给茫茫沙海染上了点点绿色。

鄂尔多斯人想方设法扩大绿洲，开创绿洲。当一点点绿色向周围蔓延，你知道那可是鄂尔多斯人一代代顽强努力的结果。恩格贝不仅吸引着全国各地的义务植树人，还得到日本、韩国等国家热爱绿色的人们的支持。每到春季，四面八方的人们汇集在这里，哪怕只是一棵树、一瓢水，都是在为地球增添绿色和活力。高原长风带着湿润和温暖吹拂大地，鄂尔多斯草原沉浸在欢乐与喜悦中。

鄂尔多斯草原用它特有的水草养育着优良的畜种。鄂尔多斯毛用型细毛羊在1985年被正式命名，这种个高体大、产毛量高、绒毛质量上乘的改良羊，单个收入高出土种羊21元，每年可为毛乌素沙区五个旗的牧民增加几千万元的收入。它既是毛用型绵羊，同时也是肉用羊，产肉量大，肉质鲜美。最可贵的是这种羊抗风沙、抗严寒、不挑食，非常适应鄂尔多斯草原的气候、牧草条件。那一群群高大壮实的鄂尔多斯细毛羊如洁白的珍珠洒在黄沙绿草中，为鄂尔多斯草原增添了多少生机。

如果说鄂尔多斯细毛羊驰名全国，那阿尔巴斯绒山羊称得上享誉全球。阿尔巴斯绒山羊浑身是宝。它的发毛长17～20厘米，柔软、光滑。绒毛纤维长，弹性好，洁白柔软，被称为“纤维宝石”，是世界上最好的山羊绒。它的皮子厚实有弹性，质密易染，是上乘的制革材料。鄂尔多斯人喜爱它们，将它们比做草原上的“美丽天鹅”。

这和一个古老传说有关。相传很久以前，阿尔巴斯是一片不毛之地，人烟绝迹。只有一个个了无生气的死水湖。有一年，一群白天鹅从这里飞过，遇上了罕见的风暴。一只天鹅受伤坠地，它的伴侣留下来陪它养伤。它们在湖边筑巢，衔来青草食用。它们的孩子在这里出生了。随着小天鹅出巢，湖边奇迹般生长出各种花草。这对天鹅和它们的孩子年年来到这里，死水湖变成了天鹅湖。一个叫阿尔巴斯的青年发现了这块风水宝地，赶着他的羊来到这里。羊群与天鹅一起在湖边和草地上嬉戏。突然，一夜之间，阿尔巴斯的羊变成了清一色的白山羊。白毛、白角、白蹄，红唇、红鼻子、红眼睛，远远望去与天鹅难以区分。这些活泼可爱的白山羊“咩咩”欢叫着，鄂尔多斯高原的风把它们的欢笑送向远方。近年来，鄂尔多斯人为了遏制沙化，开始实行山羊圈养。实际上绵羊圈养在这里早有尝试，也获得了成功。

神秘的大漠啊，那苍凉而壮观的景色时时吸引人们的目光，拉

着人们的脚步走近它，走进它。

拂晓，你站在沙山东望，太阳一点点升起，黑沉沉的沙海变幻着色彩。一抹粉红，然后淡红、金红、火红，渐渐明亮。沙丘沙山的线条在光色变幻中柔和着，依依不舍退隐的星光，又对初生的旭日脉脉含情。当太阳越出沙海的怀抱，蓝天白云黄沙在阳光下绚烂，半月形的沙丘、圆锥形的沙山和起伏的沙原一望无际，你从内心深处感到造物的神奇带给你的巨大震撼。沙漠日落同样美丽。一列骆驼在沙丘上留下长长的影子，竟然慢慢走进那巨大火红的太阳，那优美的剪影印在金红色背影上变得庞大而清晰，最后和太阳一起消失，只有风送来的阵阵驼铃渐行渐远。这时，你会想起一句古诗："大漠孤烟直，长河落日圆。"

尤其神奇的是响沙。鄂尔多斯北部的库布其沙漠就以响沙著称。库布其是蒙语，意为"弓上之弦"。三面环绕鄂尔多斯的黄河如弯弓，金色的库布其沙带就是弓上的弦。其中一处奇特的沙坡，宽约60米，高百余米，基底坐落于罕台川石砾河床上，形成了30度的斜坡。你站在沙坡下面抬头仰望，沙坡陡峭，坡面平滑，丘顶高耸，沙山在阳光下泛着刺眼的白光。人们称它为响沙湾。

气候干燥阳光灼热时，你从沙坡上抓一把金黄、干燥的沙子，用力一捧，就会发出“哇哇”的类似青蛙鸣叫的响声。如果从那似乎与地面垂直的沙山往上攀，手脚一接触沙子，便会发出“嗡嗡”的响声。假如几十个人从沙山的顶端一起往下滑动，同时以脚用力蹬沙，以手用力捶击沙面，整个沙山就会发出隆隆的轰鸣，像沉闷的惊雷滚过，似千万巨鼓擂响。

尽管科学早对响沙现象作了解释，但人们还是愿意相信古老的传说。相传很久以前，这里是一个水草丰美的地方，牛马驼羊如繁星撒满草原，人们安宁地生活着。这里一座召庙香火旺盛，住着两千多名喇嘛。一天，喇嘛们鼓乐喧天，正在祭奠佛祖释迦牟尼，却惊动了正在云游四方的仙翁张果老。张果老骑在驴上，后面驮着二斗黄沙赶来看热闹。一个牧羊娃以为袋子里装着什么好吃的，悄悄用放羊叉在

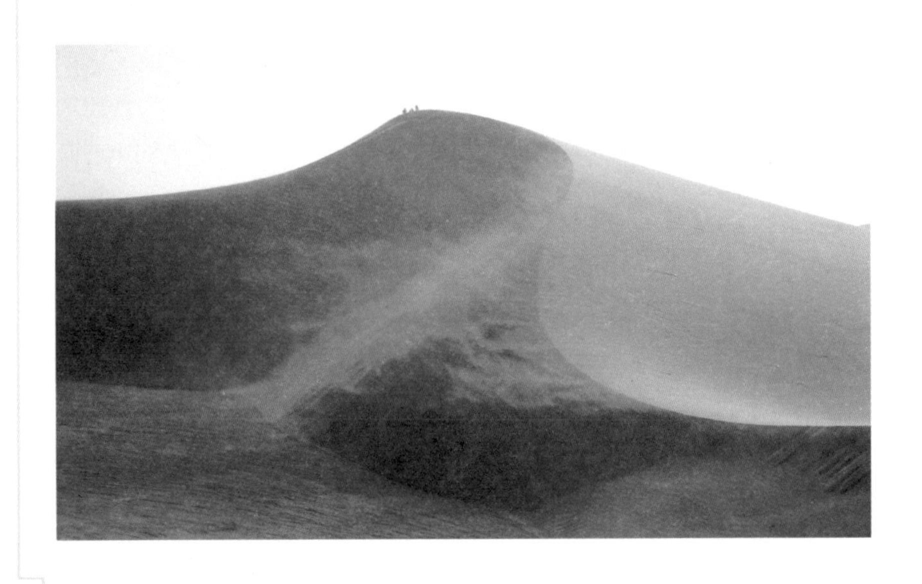

口袋上扎了个口子。张果老只顾往前走没发现黄沙泄漏。这天他走了800里，沙子撒了800里。一夜间变成了绵延800里的库布其大沙漠。那座古老的召庙和两千多名喇嘛全被埋在黄沙之中。在不见天日的黄沙下，他们仍然在诵经、击鼓、吹打……这就是响沙湾的由来。

鄂尔多斯响沙是我国三大响沙之一，能和它并称的只有宁夏中卫沙坡头响沙和甘肃的敦煌响沙。

鄂尔多斯是中原通往草原的通道，也是北方游牧民族与中原的交汇地。高原边缘有秦、汉时修筑的长城和当时在长城边种植的榆树林带。司马迁在《史记·卫将军列传》中描述了榆溪旧塞。郦道元《水经注》准确记载了榆溪塞的方位："诸次之水东经榆林塞，世又谓之榆林山，即《汉书》所谓榆溪旧塞者也。自溪西去尽榆柳之薮矣。缘历沙陵，届龟兹西北，故谓广长榆也。"榆溪旧塞是秦昭襄王时修筑，榆溪塞在秦始皇时修筑，汉武帝时卫青修缮了长城，营造了"广长榆"，扩大了长城林带。因此这段长城也被称为"绿色长城"。秦始皇时期还修筑了四通八达的道路，至今在东胜西南40多公里处，还可看到一段长100米、宽22米的秦古道。当年这条道路北出长城，向草原延伸。秦沿黄河修筑44座城池，移汉民在鄂尔多斯垦殖，称为"秦新郡"。在匈奴驰骋草原500多年的历史中，这里始终是双方争夺的战略要地。从那以后，这里从来没有过安宁，宥州古城、无定河水目睹了多少代的铁马金戈，血雨腥风。

鄂尔多斯高原还拥有一份骄傲，那就是成吉思汗陵。今天，我们看到的"成陵"是1955年建筑的，而对着"八白室"中的银棺祭奠成吉思汗已经延续了近800年。鄂尔多斯因此成为蒙古人民朝拜成吉思汗的圣地。

阿拉善沙漠天下奇

狂风鼓起漫天黄沙，呼啸着掠过绿色草原、田野，横行肆虐，一直扑向东海。人们不仅问，哪儿来这么多沙子？有人会告诉你，阿拉善沙漠连绵，沙子从那儿可以飞到东京。遥远的人们开始憎恨这片沙漠。可是，沙漠也有温柔美丽的时候。巨大的沙山沉静地躺在蓝天下，反射着金色的光彩。山下的湖水，或碧蓝如宝石，

或清澈如水晶，或血红如玛瑙。山倒映在水里，黄色中有一条绿带隔开。极目远眺，那雄浑而沉寂的美让你

窒息。沙链、沙丘、沙山线条多样而柔和，称它为沙海一点儿不过分，那些线条就像大海泛起的波浪，一层层推伸到天边。置身于沙海中，你会被这些洁净、橙黄、干爽的沙子在风的塑造下呈现出的千姿百态而倾倒。

什么东西在沙丘间穿梭？矫健的身影倏忽闪过。啊，黄羊！它站在远处回头望你，充满好奇。脚边窜过什么，沙子上留下了一串印痕，那小小的身体还在远处跳跃着，在空中不断划出优美的曲线。那是跳鼠。你很难看清它的庐山真面目，因为它总不停地跳跃着。坐在沙子上，你不倦地望着这看似单调的景色，可此时，你却感到一束目光在注视你。你眼前蹲着沙蜥，它明亮的小眼睛紧紧盯着你，奇怪眼前的庞然大物来自何方？你伸出手想向它表示友好，它却一瞬间不见了踪影。你不由感慨，万里明沙，长风猎猎，生命依然活跃。

内蒙古沙漠戈壁面积大约有40万平方公里，其中沙漠面积21.3平方公里，戈壁面积18.8平方公里。而分布在阿拉善的乌兰布和、腾格里、巴丹吉林沙漠面积，约占内蒙古沙漠面积的一半左右，是我国沙漠面积最大的地区之一。三大沙漠东起阴山余脉狼山南麓，向西延伸到额济纳河西岸，浩浩茫茫，横贯全境。三大沙漠也是世界上所处海拔最高，沙丘相对高度最大的沙漠。沙漠内部，湖盆、丘陵、残山、平地与沙丘交错分布。

乌兰布和沙漠植被覆盖度较大。总地势东南高西北低。沙丘的相对高度，一般在10～30米之间，最高可达100米。沙漠内部盐湖及土质平地面积广阔，流动沙丘面积、半固定沙丘面积和固定沙丘面积各占约1／3。

腾格里沙漠沙丘相对高度外围一般为10～30米，中部高度较大，一般在100～200米之间，形成几公里甚至几十公里的高大的沙丘链垄。地势自南向北逐渐下降。流动沙丘占83%，固定沙丘及半固定沙丘约占7%。沙漠内部多绿洲湖盆，也有少数低山丘陵与山地。

巴丹吉林沙漠多复合型高大沙山。沙丘相对高度，一般在200～400米，最高地方可达500米以上，如巴彦诺尔、吉诃德等沙峰，堪称世界沙漠奇观。沙丘链规模大，丘体高，绵延数公里或数十公里。平面呈明显的链状弧曲体。

三大沙漠最为神奇的是遍布岩画。万籁俱寂中，那拙朴的笔触

透着亘古不变的灵气，仿佛那些智慧的人类祖先通过这些神秘的图画穿越悠悠岁月与你交谈。曾经注视过这些岩画的明亮眼睛凝望着你，向你讲述着一个个北方游牧民族古老而美丽的故事。

1986年以来，岩画学者在阿拉善左旗、右旗、鄂济纳旗的三大沙漠中，先后发现了成千上万幅岩画。乌兰布和岩画主要分布在买很特罗盖山、阿敦加市、卜勒格图沟、伊和哈布其勒沟、巴嘎哈不其勒沟、三个井、星光等地。这些岩画题材大都与畜牧和狩猎有关。腾格里岩画主要散布在松鸡沟、大井山、笔其格图山、敖尤图山、阿孜日格尔山、希勒图山、双鹤山等地。内容除与乌兰布和岩画相同外，还有面具、圆圈（太阳）、重圈文、万字形、抽象图案、鱼、塔、舞蹈、蒙古文和藏文等。巴丹吉林岩画现已发现的区域有笔其格图沟、阿日格楞台、夏拉玛、苏海赛、布敦苏海、曼德拉山、纳仁高勒、乌克日楚鲁图、布勒古图、布勒日根等地。动物依然是描述的主要对象，刻画人的画面比上述两处有明显增加。描述群体多于个体，表现人与动物关系时，动物大都已不再占据支配地位。旧石器时代那种牛奔豕突，具有压倒一切气势的画面不见了，取而代之的多半是猎人引

弓待发，表现自信的构思。最著名的是曼德拉山岩画中的帐幕岩画。还有雅布赖山的手形岩画。

湖是沙漠里的另一奇观。巴丹吉林和腾格里沙漠中，大小湖泊总共有545个，水域面积5909平方公里。在沙漠中心区，有相当一部分湖泊是盐湖。盐池水是红的，盐是白的，湖边的沙山是金黄色的，在蓝天白云下，景色美丽得摄人心魄。

巴丹吉林沙漠景区位于巴丹吉林沙漠的东南部，规划面积340.6平方公里，巴丹吉林沙漠以“奇峰、鸣沙、秀湖、神泉、古庙”五绝著称。最高沙峰为必鲁图峰，海拔1609米，相对高度500米，是世界沙山的最高峰，号称“沙漠珠穆朗玛”，巴丹吉林沙漠也是世界上最大的鸣沙区,被誉为“世界鸣沙王国”。沙漠中已探明的湖泊有144个，俗称“沙漠千湖”。在众多湖泊中印德日图泉最为神奇，不足3平方米的暗礁上有108个泉眼，被誉为“神泉”。巴丹吉林沙漠被《国家地理》杂志评为中国最美丽的沙漠。

巴丹吉林沙漠景区属于巴丹吉林园区的组成部分。巴丹吉林园区位于阿拉善右旗境内，由巴丹吉林沙漠景区、曼德拉山岩画景区、额日布盖峡谷景区和海森楚鲁风蚀地貌景区组成，面积410.67平方公里 。巴丹吉林沙漠有世界上高大的沙山和分布面积最广的鸣沙，具有“鸣沙王国”的美誉。海森楚鲁风蚀地貌景区是研究风力作用的典型地区。曼德拉山岩画堪称我国西北古代艺术的画廊。阿拉善沙漠地质公园博物馆是中国第一座建于沙漠之上，系统展示风力地质作用和干旱区生态和文明的地质公园博物馆，她依偎在巴丹吉林沙漠的南缘。巴丹吉林园区以奇特的沙漠景观、典型的风蚀地貌为特色，是开展沙漠探险、科学考察及科普教育的理想基地。

巴丹吉林沙漠中的巴勒图海子面积130多公顷，盐碱土草地像一只绿色的手臂伸进湖中，将湖水一分为二。西南部分约占水面的三分之一，为芒硝湖，远远望去如同一池洁白乳汁；东北部分约占三分之二，为盐湖，盛产结晶的大粒盐，也就是著名的青盐、或叫胡盐。盐湖呈棕红色，洁白的大青盐晶体被染成粉红色，就像一池浓烈的香茶上飘着茶花。走近一闻，湖水散发着一股像海带或紫菜的气味。这是因为咸水湖卤水中生长有嗜盐菌和藻类。这种红色嗜盐菌和藻个体很小，数量很多，繁殖很快，它们飘浮在湖面，将湖水染成了红色。嗜盐菌、藻可提取胡萝卜素等有用物质，也是一种可用资源，澳大利亚等国家甚至进行人工养殖。

沙漠中的淡水湖清澈甘甜。无风的日子，碧蓝的湖水被黄沙温柔地拥抱着，水汽浮动在水面上，就像为大地加上了一层透明柔纱。阳光照射在上面，一切无比清晰又变幻莫测。畅游在温暖的湖水里，静卧在湖畔的明沙上，你完全忘记了世间尘嚣，仿佛进入了天外仙境。

沙漠还有一样奇特景观，那就是戈壁地下河道。这些河尽管不像地面江河那样波浪翻滚，却也蕴含着丰富水源。内蒙古的戈壁沙漠和北部高原地带有17条地下河道，总长达2300公里。这些隐藏在地下的河流，多数从巴丹吉林、腾格里和乌兰布和发源。其实地下河道的原身就是地表河，它的形成历史已有万余年。这批地下河道，长的有二三百公里，短的也有几十公里，宽度约1～10公里之内。河床一般都在50～200米的地下，表面为沙层和岩土覆盖。因为河床岩粒的溶滤作用好，地下河水清质纯，是人畜饮用的优质淡水。据勘测，古河道上打的井，单孔涌水量每日均在千吨以上，最多出现过4500吨。含水层的厚度一般可达四五十米，开凿十分方便。据专家预测，如这批地下河道的水得到开发利用，可以灌溉近亿亩草场，还可以广种树木，扩展出十几道新的绿色防沙“长城”。可以想象，那时沙漠渐渐披上绿装，风会变得湿润而温和，湖水更加清澈，生命更加活跃兴旺。

那古老的胡杨树下长满红柳。胡杨粗壮、遒劲，树冠伸展开，繁茂的枝叶就像张开巨伞遮蔽着柔美的红柳。红柳在风里轻摆枝条，无限妩媚。春夏之际，红柳吐蕊扬花，一片粉红朦胧，与胡杨的绿叶交相辉映。秋风骤起，树叶渐渐泛黄。阳光下胡杨叶金光闪烁，红柳的叶片如银蜡般光亮透明。沙漠依然沉默，可它也喜欢这绚丽秋色，这个季节，它拒绝了风的邀请，多情地拥抱着沙漠里所有的生命。面对巴丹吉林沙漠上一望无际的原始胡杨林，难道不让你对生命的顽强产生一种信念吗?

阿拉善沙漠地质公园总面积630.37平方公里，由巴丹吉林、居延和腾格里3个园区及其所属的10个景区组成。

巴丹吉林园区以高大沙山、鸣沙和沙漠湖泊和典型的风蚀地貌为主，包括巴丹吉林沙漠、曼德拉山岩画、额日布盖峡谷和海森楚鲁风蚀地貌四个景区。腾格里园区以多样的沙丘，沙漠湖泊和峡谷景观为主，包括月亮湖、通湖和敖伦布拉格峡谷三个景区。居延园区以戈壁景观、胡杨林和古城遗址为主，包括居延海、胡杨林和黑城文化遗存三个景区。

内蒙古阿拉善沙漠国家地质公园是我国第22个世界地质公园，同时也成为全球唯一的沙漠世界地质公园。公园内地质遗迹类型丰富，自然景观优美神奇，人文历史悠久独特，是研究沙漠形成、发展、演化的天然博物馆，更是保护人类生态环境的教科书。

山川秀美的乌兰察布

乌兰察布草原的面积、草场质量在内蒙古虽不能称为之最，但是它以秀美的山川和得天独厚的地理位置蜚声国内外。葛根塔拉、希拉穆仁和灰腾锡勒三个著名的草原旅游点，开创最早，已经成为具有相当规模的草原旅游胜地。

乌兰察布草原大部分属于典型草原，或称干草原。这里基本看不到“风吹草低见牛羊”的景象，但是绿草如丝毯，薄薄的，轻柔地覆盖着大地。在这样的绿色中，不时突兀着大片芨芨草和沙柳丛，牲畜进入其中就不见了踪影，除非站在高处，否则任凭风吹，牛羊也不会显现。乌兰察布草原北部与锡林郭勒苏尼特草原西北部一样，曾经属于“蒙古一兴安”古海。地势较高，丘陵起伏，沟壑纵横，经常可以看到类似于海边礁石的水蚀石山坡。这里被称为戈壁，生长着多种碱性草。南部葛根塔拉、希拉穆仁等地属于典型草原，芨芨草、骆驼刺都不多见，草场平坦，牧草丰富。

塔布河和艾不改河像两条蓝色的玛瑙珠链，并排蜿蜒在乌兰察

布草原上，在多雨的季节，带来碧波，带来湿润。

葛根塔拉在呼和浩特北150公里查干补力格苏木境内。“葛根塔拉皎色隆”蒙古语意是“夏营盘”或“避暑地”。查干补力格意为水质洁白、清澈、甜美的泉。距苏木驻地西南约1公里处的清泉，周围草木茂密。葛根塔拉地势南高北低，线条柔和舒缓的坡地和平坦的草甸相交错。这片草原以宽广见胜，站在坡上举目四望，炊烟袅袅的白色毡包，散落在绿色原野上；畜群如流动的五彩祥云，飘在无边无际的原野上。

四子王王爷府（简称王府）是一处政教合一的古建筑，坐落在查干补力格苏木（苏木即乡）查干补力格嘎查（嘎查即村）。白色独贡（庙殿）是喇嘛念经的场所，青砖绿瓦的殿堂是王爷处理政务和居住的地方。府内设前后两个厅，王爷在前厅执政，后厅是王爷和福晋的居所。整个王府占地面积2800平方米。明末，成吉思汗后裔诺颜泰一支由乌嫩河西迁到大青山北麓。诺颜泰有4个儿子，称自己的部落为四子部落。康熙二年（1663），四子部落正式更名为四子王旗，先后经历过15位王爷的统治。旗所在地设在查干补力格宝龙河畔，王爷们一直在蒙古包里办公。王府由第13代王爷色旺敖力布建于清光绪十一年（1905），建成后，喇嘛、活佛云集，显贵要人不断前来，最盛时住有一百多个喇嘛。自此，四子王王府就远近闻名了。

希拉穆仁，蒙古语意为“黄色的河”。希拉穆仁又称召河，因为河边有一座著名的召庙——普会寺。普会寺是呼和浩特席力图召六世活佛的避暑行宫，建成于乾隆三十四年（1769），由四世活佛阿旺罗布桑拉布敦主持建造。因此，这座庙也称后席力图召，清廷赐名为“普会寺”。普会寺造型精巧别致，宏伟壮观，表现了二百多年前蒙汉能工巧匠的精湛技艺。现存正殿、山门、东西厢房等建筑。近年来当地政府不断投资建设，接待设施相当完善，成为著名的内蒙古草原旅游点。希拉穆仁，这块美丽的草原，像一块绿色的宝石，镶嵌在包头市达茂联合旗的东南部，是蜚声中外的旅游避暑胜地。

普会寺背后是高耸的敖包山。登山眺望，蓝天、白云、绿草、牛羊尽收眼底，粗犷而秀丽的草原风光令人心旷神怡。希拉穆仁草原以其独特的人文景观和良好的服务，吸引着越来越多的中外游客前来观光、游览。希拉穆仁交通便利，距自治区首府呼和浩特仅80公里。

从呼和浩特到希拉穆仁，达茂旗政府所在地百灵庙是必经之路。百灵庙是贝勒庙的转音，建于康熙四十二年（1702），有康熙亲笔书写的“广福寺”匾额悬挂大殿之上。百灵庙东北25公里草原深处有赵王城遗址。赵王城是元朝皇帝姻亲汪古部首领的驻地，古城再向北分布着古墓群，埋葬着汪古部王公贵族。继续向东北走，距百灵庙60公里处，有夏勒口草原岩画。百灵庙南女儿山与巴图哈拉嘎山对峙，是历代兵家必争之地。据说康熙西征噶尔丹，大军曾驻扎在巴图哈拉嘎山上，山上至今依稀可辨城垣遗迹，人们称这里为“康熙营盘”。女儿山野草青翠，鲜花盛开，百灵鸟清脆的鸣叫不绝于耳。传说当年成吉思汗征讨金国凯旋归来曾在这山下停留，山上的女神每晚都奏响美妙的琴声慰劳成吉思汗的将士。每当琴声响起，草原上的人们就齐聚女儿山下，亲眼目睹大汗的风采。

灰腾锡勒意为“寒冷的高原”，位于察右中旗西南边际，距呼和浩特东北135公里，海拔1800多米，东西长达100公里，属高山草原地带。夏秋之际，清晨和傍晚，淡淡的青霭笼罩着蜿蜒起伏的山峦；雾霭散去，阳光明媚，白云绕山，绿色无垠。当满山遍野盛开黄花，姹紫嫣红的野花点缀其间，景色旖旎绮丽。

神奇的“敖伦淖尔”（意为九十九泉）宛若镶嵌在碧野上的九十九颗明珠，波光闪闪，倒映着蓝天白云。相传，造物主用泥土捏了一个九十九瓣的“莲花盆”放置这里，变成九十九个淖尔。这九十九个淖尔滋养这方水土，使草原绿色永驻。

东面有神葱沟，沟内一处悬崖峭壁峥嵘突兀。石壁下，几股清泉顺着山势飞流直下，形成一个小瀑布，透明的水帘在阳光下反射出七彩霓虹，飞溅的水花如碎玉、水晶，在水帘上跳跃、欢腾。美丽图沟以天然山洞著称。洞口位于半山腰，隐在悬崖峭壁之下的灌木丛里。山洞离地面垂直高度一百多米，洞内可容纳七八十人。黑山怪石嶙峋，犬牙交错，有大小岩洞九十九个，最大可容纳二三百人。唐代以后，不少隐士、和尚、道士曾在这里遁迹隐居。

一片开阔地上兀然屹立着一座点将台。据《丰镇厅志》记载，元太宗三年（1231），窝阔台在这里屯兵习武，准备兴师北伐。今天还可以看到一座兵器库和点将台遗址。据史书记载，北魏的拓跋珪、辽代先后有五个皇帝和清代康熙都曾来这里游猎、避暑、玩赏风景。

山川秀美的乌兰察布，处处是风光，处处是景点，20世纪50年代中期，乌兰察布草原就作为草原景观开始接待外宾，70年代初，这里成为重点旅游开发区。各种民族风情的旅游项目、便利的交通条件和完备的设施吸引了众多中外游客。

乌兰察布草原热情地张开怀抱，迎接四方来客。

辽阔富饶的锡林郭勒

锡林郭勒草原为欧亚大陆东部最具代表性的草原类型之一，是内蒙古重要的传统牧场，也是世界著名的牧场之一。这是一片古老的草原，辽阔、美丽而富饶。

锡林郭勒草原以高平原为主体，高平原海拔在1000米上下。西南边缘属阴山北部丘陵山地，主要分布在镶黄旗、正镶白旗、正蓝旗的南部，海拔1300～1500米。东部边缘为大兴安岭西侧山地与丘陵。西乌珠穆沁旗东南部以山地为主，海拔多在1400米以上。乌拉盖东北部山势较低，海拔1000～1300米。北部中蒙国境线地带为低缓的丘陵，海拔1100～1250米。全盟面积20万平方公里，其中草原为19万平方公里。除典型草原外，还有草甸草原植被、草甸与沼泽植被、沙地植被以及部分山地次生林。

季节递进，锡林郭勒各具特色的草原展示出不同风貌。

苏尼特草原上芨芨草挺直了腰杆，沙柳伸展开肢体，骆驼刺泛着绿光，星星点点的野花装点出彩色戈壁。骆驼夹杂在牛羊间，一副漫不经心悠闲自得的神情。西苏的草场草并不稠密，属于戈壁草原。可那些看似稀落的草喂养的牲畜，虽不高大，但肉味异常鲜美。

白音锡勒自然保护区内草木茂盛。草场类型多样，林木欣欣向荣。扎格斯台淖尔西行4公里，天然杨桦林如亭亭玉立的少女列队欢迎你的到来。这片6000公顷的天然次生林幽深茂密，是保护区最值得保护的对象。沿杨桦林北行1公里，是著名的芍药沟。姹紫嫣红的芍药被称为野牡丹，大朵大朵的花如牡丹一样美丽，却透着山野草原的野气，自然而舒展。黄花沟金色灿烂，那美丽的花蕾就是人们熟悉的“金针菜”。

灰腾锡勒草原、乌珠穆沁草原绿草如茵，繁花似锦，充分展示了“风吹草低见牛羊”的典型景象。

据史书记载，13世纪的元上都周围，是生有茂密森林的草原，“佳气葱郁，异鸟群集，山多林木，水饶鱼虾，盐货狼藉，畜牧蕃息”。确实，锡林郭勒草原称得上水草丰美。这里有九曲蜿蜒的锡林河、横贯东北部内蒙古最长的内流河乌拉盖河、从河北入境后流连忘返的闪电河，还有查干淖尔、白音库仑淖尔、乌拉盖湖、扎格斯太淖尔和额吉淖尔盐湖等1361个大小湖泊。河流湖泊滋养万里草原，草原也回报以丰饶。

锡林郭勒以畜产丰富著称，牛羊遍野，骏马驰骋，驼铃清脆。尤为著名的是乌珠穆沁马和乌珠穆沁大尾羊。据说当年成吉思汗统帅的“怯薛军”所乘良骥全都选自乌珠穆沁。此前，乌珠穆沁马已经声名显赫。传说曹操胯下的宝马是乌珠穆沁马，唐太宗的6匹神驹里也有乌珠穆沁马。今天，乌珠穆沁马仍然是蒙古马的优秀代表。乌珠穆沁大尾羊体大肉多，肉味鲜美。近年来，一直是内蒙古出口各阿拉伯国家的主要肉用羊。苏尼特羊虽然不像乌珠穆沁大尾羊那样驰名中外，但是北京闻名海外的“东来顺涮羊肉”只选用膻味儿很少的苏尼特羊。乳肉兼用的草原红牛和扎格斯台牛也享誉全国。

锡林郭勒所有的河流、淡水湖泊都盛产鱼类。阿巴嘎旗霍日察干淖尔盛产的咸子鱼，味道尤为鲜美，可以和海产黄花鱼相媲美。湖畔河边繁茂的芦苇，除供应本盟做造纸原料外，还远销东北等其他地区。

锡林郭勒草原盛产药材，名贵的“蒙古黄芪”畅销国内外。草原上还生长着许多经济价值较高的野生植物如蘑菇、黄花、发菜、蕨菜等。驰名中外的“口蘑”，并非产于张家口，而是锡盟灰腾梁的白蘑在张家口集散而得名。

锡林郭勒有林木面积84000公顷，占全部面积的1.01%。林木、草原、湖泊、河流是野生动物的天然家园，有鸟类、兽类各百余种，其中有许多珍贵的禽兽。

锡林郭勒也有沙漠。浑善达克沙漠形成于22万年前，面积约19490平方公里。“浑善达克”意思是孤驹。据说当年成吉思汗率军征金，以自己胯下的宝马“孤驹”为这片不知名的沙漠命名。浑善达克的沙丘多为流动或半固定性，固定性沙丘居少数。西北至东南走向的沙丘，迎风面坡缓，背风面坡陡，沙丘高达25～50米，坡度在15度以下，重重叠叠，绮丽而壮观。沙漠平川草木茂密，有稀疏的榆林和成片的柳丛。柳条高2～5米，枝条柔软绿叶茂盛。榆树龙干虬枝，树冠如盖。沙丘由东向西逐渐低缓，草木覆盖也由东至西渐次稀疏。风和日丽时，凉风习习，草木清香扑鼻。黄沙绿草，蓝天白云，间或有鸟语兽鸣，沙漠美丽而温存。沙漠中分布300多个湖泊，地下水水位高、水质好，往往掘地出水。因此，沙漠并不荒凉。

沙漠也从不寂寞，它曾目睹过火山喷发、地貌变迁的剧烈动荡。

锡林浩特南面的灰腾梁火山群由大面积的玄武岩和大小近50多个密集的火山口组成。火山口个个孤峰独立。尤其是白音库伦北，蘑菇山一带更为明显，平地隆起的沃博尔都类乌拉（蒙古语意为山）、巴音查干乌拉、翁滚乌拉、阿察巴彦乌拉等火山口像棋盘一样分布。形状怪异的火山群，为锡林郭勒大草原涂抹上神秘色彩。

锡林郭勒西部草原上，无垠的绿色铺展向天际。在这一马平川中，忽见岩石突兀，拔地而起，高达丈余，簇拥林立。人行其中，峰回路转，如同进入诡秘的迷宫。形态各异的石块像天神制作的石雕栩栩如生。石蘑张伞、石屋洞开、野牛斗角、闲驼静卧、雄狮怒吼、虎啸龙吟，只有大自然的鬼斧神工才会有这样的大手笔。这就是二连浩特东北140公里处闻名遐迩的草原石林。

这片花岗岩石林天然形成，已有2.6亿年的历史。花岗岩散布在600多平方公里之内，岩体呈东西向和南北向的断裂纵横交错，坚硬的岩石被切割成块。长期强烈的风化剥蚀作用，周边不结实的岩石纷纷脱落，使本来具有坚硬棱角的方块石逐渐变成圆柱体。风沿着岩石裂隙下刀，经过亿万年精心雕琢，终于将坚硬无比的花岗岩打制成器，造就了千姿百态的石像。岩体西北部60平方公里内石柱林立，密耸如林，景色奇特。草原石林是坚硬的花岗岩在原生构造基础上经风蚀而成，形态豪迈粗犷。与石灰岩水蚀形成的南方石林相比，大相异趣。花岗岩中有一条长17公里、宽1.5公里的破碎带，泉水汩汩涌出，清甜甘洌。泉水旁边长满山榆，点缀在这树木稀少的草原上，令人惊异赞叹不已。

二连浩特东北9公里额仁淖尔盐湖一带，是古生物化石埋藏极为丰富的地区。这一带属于“蒙古一兴安”古海的一部分，先后出土的三叶虫、山湖、菊石、介形虫、苔藓等化石，述说着沧海桑田的古老故事。6～2.5亿年前是古生物最活跃的时期，这里出土的恐龙、巨蜥、啮齿类哺乳动物化石非常丰富。1922年，美国“中亚古生物考察团”在这里发现大量哺乳动物化石、恐龙和恐龙蛋化石，吸引了全世界古生物学家关注。考察团经历10年发掘考察，确定这一地区的恐龙种类有霸王龙科的欧氏阿莱恐龙、似鸟科的亚洲鸟恐龙、蒙古坦齿龙、鸭嘴龙、蒙古满洲龙和吉尔摩龙等。1959年，中苏组成考察团进行大规模挖掘，出土鸭嘴龙两个属种，似鸟龙和肉食龙、甲龙、蜥脚龙等化石。1985年在查干淖尔碱矿挖掘出一具完整的恐龙化石，长23米，高12米，为目前亚洲最大的恐龙化石，定名为“查干淖尔龙”。

此后，中国与加拿大、比利时分别组成考察团，陆续出土大量恐龙化石。二连浩特被誉为世界最大的古生物和恐龙化石之乡。

大自然的造化已经不断给我们震撼，古文明遗迹让我们追思难收。

据考古工作者考证，这里在旧石器时代已有人类繁衍生息。有历史记载以来，这里成为匈奴、东胡、鲜卑、柔然、契丹、突厥、回纥、蒙古等少数民族轮番登场的舞台。辽太祖耶律阿保机的陵墓与金代边防重镇桓州城遗址遥相凝望，历经辽金元三代的避暑胜地金莲川在元上都遗址边继续展示旧日的绚丽，契丹族的发祥地阿巴嘎旗西热图乌拉山俯瞰着清代修建的贝子庙、汇宗寺、善因寺和民国修建的班禅寺。

很多人可能不知道锡林郭勒也有长城。燕长城建于战国时期，依地理之势修建石长城和土筑长城。石筑长城至今可见，土筑长城已经渺无踪迹。只隐约有一条黧黑土带，其草木茂密，当地人称“土龙”。北魏长城在赵长城、汉长城后修筑，现在早已湮没，断壁残垣偶尔在荒草蓬蒿间延绵。金长城多是因地制宜掘壕沟垒土构建，所以也叫“金界壕”。正蓝旗有一段壕沟、城墙、马面齐备的金长城遗址。掘沟垒土的金长城在阿巴嘎、锡林浩特等地依稀可辨。

与长城一样古老而遥远的是苏尼特驼道。这条驼道有多么久远已无从考证，但元朝从大都、上都向北进入漠北和各蒙古汗国，就经由这条驼道，沿途建立了许多驿站（蒙古语称“站赤”）。清代重建驿站，仍然经苏尼特通往北方，到达今乌兰巴托，然后向西一直进入俄罗斯，最终可达莫斯科。回眸遥远朦胧的岁月，古老漫长驼道上的阵阵驼铃，和驼道上历尽艰辛危难的牵驼人的身影，似乎还那么清晰。

内蒙古广泛分布着草原、沙漠岩画，大约是青铜时代的遗迹。在西苏红格尔中蒙边境人迹罕见地区也发现了岩画。这些岩画手法拙稚、笔触简单，却形象刻画了游猎民族的生活、娱乐。岩画这种世界上堪称奇观的文化遗迹，在内蒙古草原和沙漠并不稀奇。锡林郭勒还有更令人惊奇的景观——草原石人。这些宽圆脸、高颧骨的石人分男女老幼，男性往往蓄八字胡。在阿巴嘎、东西乌珠穆沁、正蓝旗都有大量发现。石人用整块石头雕成，大约高1.3米左右。人工雕琢的痕迹很浅，在漫长岁月和风雨侵蚀下，已经很难辨认，就好像是自然石块。据考证，石人是突厥人的作品，其作用众说纷纭，难以确定。新疆伊犁也发现类似的石人，可谓石人出自突厥人之手的一个佐证。

苏尼特左旗昌图勒苏市西北约三公里处有一片山坡，褐色卧牛石遍布坡顶。这些石头浑圆，有水蚀痕迹，应当属于古海遗迹。在石群中有两组楷书铭刻，每字60厘米见方。一组居于石群中间，阳面石上大书“玄石坡”。在这组铭刻北面九米处，一个卧石上铭刻着“立马峰”，其后平台上凿了四个马蹄印，标志最高统帅立马之处。距玄石东面10米、西南8米的卧石上，用10厘米见方字体凿刻楷书铭文，分别是“维永乐八岁次庚寅四月丁酉朔七日癸卯大明皇帝征讨胡寇将六军过此”和“御制玄石坡铭维日月维天地寿，玄石勒铭，典之悠久，永乐八年四月初七日”。据考证，明成祖朱棣率领50万征讨漠北新罕本雅失里，沿途名山大川都祭祀或勒石铭刻。看来，立马峰上的马蹄印应是朱棣所留。

夜幕降临，深邃的天空上一轮明月，月光如水倾泻在辽阔的天地间。风啸马嘶，古老的一切却沉默着，静静躺在银色月光里，朦胧、神秘。锡林郭勒这古老的大草原雄浑和苍茫，任激情在胸中鼓荡，却无以言说。

骑上一匹乌珠穆沁快马，迎着草原天际的曙光上路吧。在悠远时间和辽阔空间的交叉里，你会感受到锡林郭勒草原的博大，和岁月无法磨灭的美丽。古人说得对，“维日月维天地寿”，太阳一点点升起，向她祈祷吧！当阳光照亮锡林郭勒每一寸草原、森林、河流、湖泊的时候，生长在日月之下、天地之间的无数生命就会奏响嘹亮的交响乐，为古老的大地唱出美丽华章。

苍茫辽远的科尔沁草原

科尔沁草原西北是锡林郭勒大草原，东北是呼伦贝尔大草原，草原之间耸立着巍峨的群山，南面是一马平川的松辽平原。科尔沁草原在群山围绕中铺展，横跨赤峰市、通辽市北部和兴安盟，苍苍茫茫几千里。科尔沁草原综合了干草原和山地草原的特征，草原北部属于山地草甸草原，树木茂盛，牧草健壮而高大，疾风吹过，草浪翻滚如同绿色海洋。草原南部属于干草原，丘陵连绵，间或有大片沙地。嫩江流域、辽河流域的几十条河流在科尔沁草原上纵横交错，大兴安岭余脉成为草原的天然屏障。

绰尔河从扎赉特旗北部杨树沟游来，像一条玉带，横贯扎赉特旗全境，流程300多公里，然后注入嫩江。洮儿河及它的支流如一张水网笼罩着科尔沁右翼前旗。霍林河在扎鲁特发源，曲曲弯弯，穿过科尔沁右翼中旗流向嫩江。乌力吉木伦、教来河消失在科尔沁原野中，

西拉木伦河、老哈河汇成西辽河横穿科尔沁草原南部流入辽河。众多河流使科尔沁的景色绚丽多姿。美丽的索伦河谷像一幅无尽的画卷，河谷中流水潺潺、野鸟啁啾之声令人心醉。索伦河谷西口的将军坝可不是人工筑就，是三座天然石崖相连的半壁断山高高矗立乳酪河边。沿断壁脚下的幽径，就会到达洮儿河与乳酪河的汇流处。密林蔽日，阳光从树木间隙投下斑驳光影，河边草深入膝，河水微微荡起涟漪。抬头仰视，崖顶高达百尺。崖壁裂纹纵横，青苔浓绿，各色野花在风中摇摆。汇流的两条河泾渭分明。洮儿河水清澈透明，倒映着岸边的秀美风光；乳酪河飞步可越，河水泛白，像流淌着一川乳汁。登上山顶，水声淙淙，却行迹难寻。山谷底部野草树木浓密，下到谷底，只闻水声，不见水影。拨开草木枝条，一条曲折的石峡豁然出现，宽仅2米，亦不很深，白色的溪水在绿荫下流淌。石峡两壁怪石嶙峋，白水击石，洄漩跌宕，景致罕见。

蛟流河穿过的突泉县宝石沟是一处奇景。宝石沟怪石遍布山谷，形态各异，奇异纷呈。沟口双宝和沟内蛤蟆甲两处奇石最令人惊叹。蛟流河沿宝石沟峡谷蜿蜒而下，在沟口水流回转，冲积出一片砾石草滩。草滩上突起两座巨大石丘，南北并立，相距数十尺，正对着沟口夹河耸立的山峰。石色墨绿、圆形，上面遍生青苔，间杂着五彩花卉。这一对石丘被称为“双宝”。20年前拦河筑坝，建成“双城水库”，双宝浸入水中。雨季河水上涨，宝石被淹没，河水下降，宝石又显出水面。河水时涨时落，宝石时隐时现，沟口双宝平添了神秘色彩。进入沟口，分西、北两条山谷，北山谷直通蛤蟆甲林场。这里道路崎岖，沟壑纵横，林木茂密。临近林场，两座小山突兀眼前，形态酷似巨大蛤蟆，蹲踞山谷南侧翘首北望。在石蛤蟆前额顶端，竖着一根高几米的石角，远远望去，形态真不同凡响。蛤蟆甲因此得名。蛟流河始终沿着山谷流淌，一湾碧水清澈甘甜。水浅流急，轻轻巧巧流向母亲洮儿河。

科尔沁北部的崇山峻岭是大兴安岭南脉山地，连绵起伏的山岭和高耸入云的峰峦草木茂盛，绿色浓郁。密林深处栖息着各种野生动物，有猞猁、黑熊、野猪、马鹿、狍子、旱獭、飞龙等珍禽异兽。满山遍野长满了多种名贵药材和山珍野味。

西面罕山山脉的景致非常典型。位于扎鲁特旗境内霍林河源头的罕山，东西宽10公里，南北长13公里。由大罕山、奥斯克吐、芒尔得

高乌拉、哈夫和特嘎乌拉、莫达板乌拉、模模乌拉、道劳哈马尔、柴拉切楞等数座相连的山峰组成。大罕山峰峦陡峭，林深草密，因为生活着数以千计的马鹿而闻名。马鹿体形像马，夏季毛色为赤褐色，所以欧洲等地又称马鹿为赤鹿。山东北面有查干扎拉嘎庙和几处岩穴，有残存的汉文及蒙文题记。从洞穴所在之处向下望，峡谷幽深，绝壁耸立。谷底树木葱葱，如同绿色云海，风起云涌，绿波翻卷，林涛阵阵。罕山脚下是水草丰美的扎鲁特草原，这里气候凉爽，是最好的夏营地。每到盛夏，草地上支起一座座蒙古包，就像雨后初绽的白蘑。这一带是大兴安岭的褶皱带，浅山起伏，别具特色。说是山地，其实是草原；说是草原，却不是一马平川。绿色覆盖着满目葱茏。

罕山东北是著名的阿尔山。阿尔山以温泉著称，其实也是内蒙古最好的林区。阿尔山茂密森林庇护着暖暖泉水、清澈河流和碧蓝湖泊。阿尔山东南又有白狼山林场、五岔沟林场，再往下就是远近闻名的乌兰毛都草原。乌兰毛都汉语意思是“红树”。大概因为草滩上遍生红柳而得名。乌兰毛都地处嫩江支流洮儿河流域，属于山林草甸草原，山坡上树木苍翠葱郁，碧绿的草原上河流纵横。草原风光雄浑而秀丽，北地的粗犷与江南的妩媚融成乌兰毛都独特的风貌。

扎赉特旗北部绰尔河两岸，峰峦叠嶂，树木蓊郁，花草繁盛。河东岸的老神山巍峨险峻，雾霭蒙蒙，为扎赉特境内最高峰。老神山顶，有一块60多米高的巨石，传说这上面曾栖息着一种大鸟，能食石头，鸟粪则是治疗胃病的良药。这不过是一个神话，但是，老神山绝妙的景致，令人相信这神奇的传说。

绰尔河西岸的达克图山山石峥嵘，山上达克图庙旁边流淌着名为“神泉”的小溪。相传300多年前，一个喇嘛来到这里，想在这风光秀丽的地方寻一处修身养性之所。他发现半山腰大洞里盘踞着一条口喷毒汁的巨蟒。喇嘛在山下炼丹七天，炼就了三颗神功金丹。他用金丹将巨蟒击败，把它压在川底的一块巨石下。谁知这只巨蟒在石下仍然喷吐毒汁。喇嘛施展法术，将巨蟒与巨石化为一体，把毒汁变成了清澈甘洌的泉水。从此这洞叫仙人洞，泉叫神泉。达克图庙曾烟火旺盛，喇嘛最多时有数百名。神泉水确实神奇，仍然在为人们治病。达克图山区已经被列为自然保护区。山下扎赉特草原是世界上少有的无污染、无鼠害、无沙化的三无草原。这里属于森林草原过渡带，地势起伏徐缓，绿茸茸的大草甸子像铺开的巨型地毯。在科尔沁宽广的山林草甸草原上，畜群撒在山坡沟壑里，如同一片片彩色的云飘忽不定。它们从容地在茂密树林草丛里穿行，安详地在河边湖畔休憩，牧人悠扬的歌声伴着牛唤马鸣在草场上时时回荡。那些牲畜并不一般，剽悍迅捷的科尔沁马像长了双翅奔腾如飞；高大健壮的草原黄牛、三河牛或卧或立，悠然自得；雪白的兴安细毛羊、肥硕的乌珠穆沁大尾羊缓缓游动，逍遥自在。

草原向南延伸，越来越开阔，苍茫而辽远。逐渐进入干草原，有些地带几乎就是沙漠草原。连绵起伏的科尔沁沙带草原，到处可见草原黄牛的踪迹。科尔沁黄牛两个犄角微微昂起，身材魁伟，胸部宽阔前倾。这种牛经得起干旱严寒，耐粗饲，适于在干旱草原上生存。科尔沁草原南部的科尔沁左翼后旗，可谓“黄牛之乡”，黄牛存栏数已经达到近30万头。关于草原黄牛，这里传说着一个故事。很久以前，一对年轻的夫妻寻找自己的家园来到这里，他们决定生活在这片草场。可是他们没有牲畜，就用黄土塑造成许多牛，摆在草地上，象征着心仪的游牧生活。这对爱侣的虔诚，感动了上苍，将他们捏就的泥牛变出了一对活蹦乱跳的黄牛。从那时起，这片荒无人烟的草地上就繁衍出了大群大群的科尔沁黄牛。科尔沁草原上的人们，确实喜欢养牛，也善于饲牛。那些健壮的草原黄牛是科尔沁人的骄傲！

无际的黄沙里也有美景。科尔沁左翼后旗的巴胡塔草原，沙丘三面环绕，南面有一片澄澈碧蓝的天然湖泊。草场面积不大，仅15平方公里，但牧草茂盛，显示了典型的科尔沁草原风光。闻名中外的大青沟自然保护区横亘着一条弯曲幽深的沟壑，延伸10多公里。进入沟底，就像走进了人间仙境，这里与沟上面的黄沙漫漫宛如两个世界。沟底长满奇树异花，一条溪水汩汩流淌。浓荫遮蔽，空气里飘溢着花草清香。沟里还有一些珍贵古树，在这个地区是绝无仅有的。

向西进入库伦和奈曼，可以看到两座古建筑。库伦旗盛产荞麦，风味独特、品质优良的荞麦远销国内外。库伦旗更以寺庙众多著称。在清代，全旗兴建庙宇40多座，其中位于库伦镇内的兴源寺是规模最大且保存完整的一座。兴源寺始建于清顺治六年（1649），康熙五十八年（1719）扩建，建成81间正大殿及后殿等规模宏大的建筑群。清光绪二十五年（1899），模仿拉萨庙宇翻修，形成独特的建筑风格。清代，兴源寺曾连传13世活佛，香火极盛，被称为“小五台山”。

位于奈曼旗大沁塔拉镇的奈曼王府，是通辽市现在仅存的一座清代王公府第。奈曼王府由清同治二年（1863）奈曼旗第十一任郡王固伦鄂附德穆楚克扎布所建，这座台榭回廊式四合建筑，共有房屋100余间，建筑风格具有鲜明的蒙古民族特色。府第院落中，青松翠柏，奇花异卉，清静幽雅。

苍茫辽远的科尔沁草原和其他草原一样是北方古代文明的发祥地，有着辉煌的历史。发源于扎鲁特旗罕山西南麓的霍林河，远在五六千年以前，就有人类活动。在霍林河流域的草原和山谷，发现数十处属于细石器或新石器时代先民居住的遗址。那些打制、琢制及磨制的石器和骨器，说明这里的先民以渔猎、畜牧为生。出土遗存可分为新乐、昂昂溪、富河等多种不同的文化类型，文物所属年代不同，又分属不同的民族。1975年霍林河上游珠斯花草原的南缘发现了一个西周末春秋初的青铜器窖藏，其中两件青铜器有铭文印证是中原礼器。同时出土的北方少数民族的生活用具和装饰品说明这两件铜器是在当时就已经流传到北方，不是后来收藏。由此可见，早在五六千年以前，霍林河流域的北方民族就与中原有着极为密切的交往。

古老的霍林河今天又有了新的价值。以保护湿地、珍禽为主的综合性保护区——科尔沁自然保护区，位于科右中旗霍林河两岸。保护区南北长45公里，东西宽30公里，总面积为1340平方公里。

科尔沁自然保护区内现已查明的160种鸟中，属于国家一级保护的珍禽有6种，二级保护的珍禽有10种，属《濒危野生动植物种国际贸易公约》中列入世界最濒危的物种有4种，列入受严重威胁的物种有2种。属中日候鸟协定中所规定的种类有84种，占保护区全部鸟类的52．5%。在这些珍稀物种中，尤以鹤类最为珍贵。全世界鸟类约有9000种，而鹤类仅有15种，在我国的1186种鸟中，鹤类占9种，居世界之冠。科尔沁保护区有鹤类6种，占世界鹤种类的40%，占我国鹤种类的66.7%。在科尔沁自然保护区内，除白鹤、白头鹤、灰鹤迁徙途经这里外，丹顶鹤、白枕鹤、蓑羽鹤都在这里繁殖。据报道，全世界现有丹顶鹤约500只，而科尔沁保护区就有丹顶鹤40只。科尔沁自然保护区不仅有珍禽，还是天然的动物园和植物园。河流湖泊中鱼虾众多，林间灌木中走兽出没。处处山珍野味，枝头挂满各类山果，还有许多珍贵药材。独特的湿地风貌也值得保护，如果失去了这种特色，珍禽也就不复存在。

苍茫辽远的科尔沁真是个神奇美丽的地方。

你大概知道蒙古族著名的安代舞，可你是否知道安代舞的故乡就在科尔沁？这种朴实矫健、诙谐风趣的舞蹈在明末清初起源于通辽市库伦旗一带，后来广泛流传。安代舞如何产生，有种种传说。有人说从前一位老人心爱的女儿患了重病，久治不愈。老人套起勒勒车，载着女儿外出求医，不料行驶到库伦旗，车轴断为两截。老人哭诉着自己的不幸，边歌边舞，深表同情的人群也随之起舞，歌声和舞蹈竟治好了女儿的病。从此，人们跳起安代舞祈求安康。还有人说安代是精灵的名字，常附在心情忧郁的妇女身上。这种精灵酷爱唱歌跳舞，如果有人得了忧郁症，就必须跳安代舞，不论跳多久，直到病人消除了忧郁重新得到快乐才停止。

和科尔沁人一起歌唱起舞吧，让安代舞带给我们快乐和安康。

青山秀水的呼伦贝尔草原

一望无际的呼伦贝尔大草原，大兴安岭如一条绿色巨龙由东北向西南蜿蜒，无数河流湖泊像蓝色的珍珠和飘带镶嵌。这里是我国现存最丰美的优良牧场，也是世界著名的牧场之一。呼伦贝尔草原自东向西分属两种植被带、六种草原类型。

大兴安岭周围边缘山地及山前丘陵分布着桦林草原带。放眼望去，林木与草原交错，向山下伸延。草地柔嫩的绿色与高大挺拔的树木葱郁的绿色、低矮灌木浓重的绿色演绎出节奏的变化，仿佛一首绿色交响曲。随着季节的变化，浓淡不同的绿色被秋风染得色彩斑斓。树木的叶片呈红色、黄色、绿色，深浅不同，草原则是一片金黄。在天空巨大蓝色帷幕的映衬下，色彩艳丽得令人目眩。冬季，白雪皑皑，松柏的暗绿色在银色大地上分外醒目，树上透明的冰挂将草原和

山林装扮成水晶世界。羊草草甸、五花草甸和林木下发达的草本层，为牲畜提供了优良的牧草。按草场类型划分有山地林缘草甸草场，低山丘陵森林草原草场，90%以上分布在陈巴尔虎旗、鄂温克族自治旗。

草原向西伸展进入高平原区及西北部丘陵低山，视野逐渐开阔，绿色无限蔓延，丘陵柔和地起伏着，草浪翻滚，如同绿色的海洋。这里属于典型草原植被带。典型草原植被带中分布着高平原及丘陵干草原草场，沙丘沙地草场。高平原及丘陵干草原草场的80%以上分布在新巴尔虎左旗和新巴尔虎右旗。沙丘沙地草场分布于新巴尔虎左旗和鄂温克族自治旗。河漫滩、湖滨低地草甸草场，盐化草甸草场，沼泽草场穿插于其它草场之间，亲切地环绕着河流湖泊。茂密高大的芦苇在河边湖畔伫立，有的高达2米左右，人们称之为呼伦贝尔的第二森林。芦花开放时，绿色苇塘镶上了银边，芦苇在阳光下摇曳，柔美的芦花玲珑剔透。

高山、森林、河流、湖泊和复杂多样的草场，构成了呼伦贝尔独特的草原风貌。这真是上苍赐给人们的最好牧场，无论四季，草原都向人畜敞开怀抱，奉献滋养。生长着大量葱类的草场，可以作为秋营地，牲畜在入冬前能够迅速抓膘；沙丘沙地草场牧草返青早，又有背风条件，多作为春营地和接羔点，也可以用作冬营地。夏季利用河流两岸的草场，冬季可在缺水草场利用积雪放牧。盐碱地，又是家畜舔碱的场所。呼伦贝尔草原生长着880多种多年生野生草本植物。其中优良牧草有针茅、羊草、披碱草、冰草、野大麦、无芒雀麦、芨芨草、苜蓿、扁蓿豆、野豌豆等，这些都是马牛羊的适口饲草。饲用价值较高的天然牧草就有120多种。因此，呼伦贝尔的肉制品以肉质嫩滑、味道鲜美享誉国内外。这片丰饶的草原还培育出了驰名中外的三河马、三河牛。当成群的三河牛从你面前悠然自得地走过，它们硕壮华丽的身姿令你赞叹，它们的产奶量和产肉量更让你咋舌；当三河马像一股彩色河流奔涌而去，你会感慨它们的高大和矫健，也为它们的奔跑速度兴奋。而那些雪白的羊群，如天上云朵飘落，在绿色和蓝色中缓缓移动。呼伦贝尔草原的美在于变化，你穿行期间只有一种感受——目不暇接。

呼伦贝尔太丰饶了，简直就是山珍野味的园地。山上各色果实缀满枝头：红豆、稠李子、山丁子、野葡萄、刺梅果、羊奶子等等，数不清，尝不够；还有好多的干果：榛子、文冠果、山杏、核桃楸、苍耳，这些干果又都是珍品食用油原料。林间，黑木耳、猴头蘑、花脸蘑、榛蘑菇随处可见；草地上，白蘑菇、发菜等菌类味道鲜美。林间和草地上盛开着无数野花，姹紫嫣红，争奇斗艳，其中好多都是珍贵的药材和美味的野菜。

很自然，这里又是飞禽走兽的乐园。姿态优雅的马鹿、麋鹿、青羊、悬羊轻快地在林间和草地上腾跃，绚丽多彩的飞龙、松鸡、变色鸟不时在林木间天空中掠过，黑熊笨拙而贪婪，金钱豹、雪豹轻盈而迅捷。各种小兽静静地穿行，其中也不乏珍奇动物，像紫貂、貂熊。呼伦贝尔2000多条河流、300多个湖泊全都是有鱼水面，盛产哲罗鱼、鲶鱼、鲤鱼、大马哈鱼等冷水鱼类。呼伦贝尔的河流湖泊贡献着丰富的水产，而对喜爱钓鱼的人们来说更是垂钓的天堂。在那些弯曲幽静的河湾，那些芦苇丛生的湖畔，你都可以找到钓位甩出长杆。

可是我恐怕你常常忘了收回鱼线，因为那些河流湖泊的山光水色太吸引人了。达赉湖如同大海般宽广，呼和淖尔旖旎，达尔滨湖秀丽，乌兰诺尔奇瑰；海拉尔河、额尔古纳河、嫩江碧波千里，维纳河四季清凉，莫勒格尔河九曲回肠。湖水河水清澈碧蓝，河滨湖畔绿意苍翠。那些美丽的水鸟游弋在水中，嬉戏在苇丛里，翱翔在天空上。天地间静谧吗？到处洋溢着鸟类的欢声笑语。天地间喧闹吗？远离尘世的天籁之声标志着生机却拒绝了浮躁。而珍奇鸟类天然的美丽为这里增添了多少绚丽！

这片水草丰美的草原很久以前就有人类繁衍生息。达赉湖畔发现的“扎赉诺尔人”头骨和旧石器晚期遗址，海拉尔附近出土的大量石器、骨器和新石器前期遗址，让我们遥想几万年前生活在这里的人类祖先。他们在林间水边过着原始的渔猎生活，那些石制的、骨制的渔猎用具，铭记着他们当年艰苦的劳作和获得猎物的欣喜。

有历史记载以来，我们知道这里一直活跃着游牧民族，鲜卑、室韦、东突厥、契丹、女真、蒙古，这些游牧民族为这片草原留下多少动人故事，在这里的文化土壤中积淀了层层宝藏。来到呼伦贝尔，

看草原，看山，看水，自然风景的秀丽多姿让你流连忘返，可你别忘了去看看悠久的文化遗迹。在呼伦贝尔最北边额尔古纳河流域，有鲜卑祖先“石室旧墟”遗址——嘎仙洞。洞内石刻说明这里是鲜卑人祖先的居所，周围的山峦就是历史记载的大鲜卑山，鲜卑人由此发祥。距此不远，在额尔古纳河东岸有一座黑山头古城，传说是成吉思汗的弟弟合撒儿家族的居所，实际是明代设置的坚河羁縻卫所。因为驻守长官是蒙古人苦列，这座城堡兼具明代汉族建筑风格和蒙古族建筑风格。额尔古纳河也是蒙古族的发祥地。成吉思汗的祖先由这里迁徙到肯特山一带游牧。当年成吉思汗为统一蒙古、为扩大疆域而征战，呼伦贝尔草原曾经是他多次与蒙古各部落、与金对峙的古战场。在广袤草原上至今可以看到当年古战场的遗迹。金为防止蒙古人南下修筑的“金界壕”，横亘苍茫原野间，全长几千公里，在呼伦贝尔有700多公里的支线蜿蜒而过，虽然已颓为土壕几乎被荒草埋没，仍能想象当年这条“长龙”与万里长城媲美的壮观。

以大兴安岭为界，呼伦贝尔在历史进程中逐渐形成岭东、岭西两个文化圈，分别为游猎文化与畜牧文化两种类别。岭西草原地带为巴尔虎蒙古畜牧区域，岭东地区是原索伦打牲部落的鄂温克、鄂伦春、达斡尔人区域。为了抵御沙俄的侵扰，巴尔虎蒙古部分别于清初和雍正时迁移到呼伦贝尔，岭东原布特哈部达斡尔、鄂温克、鄂伦春也有一部分迁移到草原一带。多民族杂居促进了民族文化的密切交往和文化变迁。然而特定的生存环境，和这些少数民族长期保持的生产、生活方式使呼伦贝尔地区的巴尔虎蒙古、鄂温克、鄂伦春、达斡尔等民族，仍然保留着草原游猎民族传统的文化、习俗、风情。加上布利亚特蒙古族、俄罗斯族、满族等少数民族，呼伦贝尔成为我国北疆民族风情最为独特而多样的地域之一。

到呼伦贝尔，你会被这些不同少数民族的独特风情所吸引，他们的衣食住行，他们的风土人情，会给你新鲜和奇特感，而他们的豪爽热情和质朴真诚会让你久久难忘。当蒙古人邀请你跨上骏马，或者坐上勒勒车，深入大草原，在雪白的毡房里向你献上美酒和奶茶，捧上手把肉、奶食和炒米，又为你奏响马头琴，唱起悠长的蒙古长调，你会感受草原的宽广；当鄂温克人、鄂伦春人为你牵来驼鹿，或者将你送上独木舟，带你到深山老林和河流源头享受那里的安谧，亲历狩猎的紧张，然后在“仙人柱”前的篝火旁娓娓讲述森林河流的故事，你会体验大山的深厚；达斡尔人也许会邀请你参加一场曲棍球赛，他们的骁勇机智和直率坦诚使比赛激烈而公平，你和他们一起畅饮着美酒，品味着江河的悠远。而这些少数民族用桦树皮、各种动物皮和其它来自大自然的材料制作的工艺品，质朴美观，让你爱不释手。俄罗斯族的木刻楞房称得上是一件大工艺品，在他们种满鲜花的木栅栏院落里，在他们洁净清爽的房间里，你会被强烈的异国情调感染，香浓的“苏泼汤”，表示欢迎的大列巴加盐，让你陶醉。

青山秀水的呼伦贝尔草原似乎具有一种魔力，如果你不曾去过，你会一直向往憧憬；如果你曾经走过，你就会对它思恋不已，魂牵梦绕。

美丽丰饶的古原巴林

严格地讲，巴林草原以及周围的贡格尔草原、翁牛特草原、阿鲁克尔沁草原都属于科尔沁草原。巴林草原位于辽远宽广的科尔沁草原西端。大兴安岭余脉群山蜿蜒东来，形成这里特殊的地貌：群山为草原的屏障，而草原又环绕群山。高山下的草原向南无限延伸，畜群如云，毡包点点，水草丰美，风景如画。

克什克腾旗贡格尔草原（达里草原）在黄岗梁、白岔山的怀抱中，发源于这些山川的西拉木伦河及其他姊妹河从草原上穿过，青山秀水，草木茂密。来到贡格尔草原，除了领略典型的科尔沁草原风貌，你可以在美丽的达里诺尔、傲兰诺尔和西拉木伦、贡格尔河，白岔河泛舟，观赏湖光水色，亲近珍禽异兽，感受大自然的天然意韵；

还可以踏访元代应昌路古城、金界壕、清代乌兰布通古战场和克什克滕旗札萨克府，追思逝去了的悠远岁月。

巴林草原西部处于西拉木伦河主要支流查干木伦河流域，东部有乌力吉木伦河穿过，中间是查干木伦的主要支流古力古台河。北部有查干木伦的发源地赛罕汗山，还有众多山岭围绕着巴林草原中心的巴彦塔拉。纵贯巴彦塔拉的古力古台河意为“野鸡河”，据说这里曾经“河水清清碧波荡，野鸡飞起遮太阳”。巴彦塔拉有很多以树木命名的地名，像巴拉嘎斯台——有柳条子的地方；毛都图——有树的地方；哈日根塔拉——杏树甸子等等。这些地名说明这里曾是森林草原。在这里发现了距今7000年的“兴隆洼文化”类型遗址——古力古台遗址。说明在新石器时代，这里已经生活着远古先民。巴林草原上还发现了我国最早的卜骨，是在距今5300年的“富河文化”遗址出土的。“富河文化”以1962年在巴林左旗富河沟门遗址首次发现而命名。这里的卜骨制作比后来商周时期的卜骨制作简单，直接在动物肩胛骨上灼炙，并不烧透，然后从另一面看裂纹卜算。“富河文化”出土的陶器、石器都具有一定特色，大量的动物骨骼化石也证明这里过去是森林草原。“富河文化”分布在西拉木伦河北部、科尔沁草原，乌力吉木伦河流域分布最为密集。

介于贡格尔草原和巴林草原之间的今林西县大井子村发现了一处古代铜矿遗址。这座铜矿是迄今国内发现中年代最早的一处具有大规模採矿、冶炼、铸造全工序的铜矿。遗址年代距今2700～2970年。这座古代铜矿的存在从文化角度分析，与昭乌达地区各处发现的大量青铜器有密切联系。这些青铜制品属于夏家店上层文化，在考古学、文化人类学、文化社会学方面的意义都不容忽视。

海力苏塔拉是翁牛特草原的骄傲。位于翁牛特旗东部、老哈河北、西拉木伦河南。这里海拔300～500米，地势平坦开阔，绿草如茵的草原上盛开着五彩鲜花，乔木灌木丛生，菌类野菜遍野。富庶的草原上，畜群兴旺，珍禽奇兽出没。清代，这里曾为昭乌达各旗会盟地，后来因为敖汉王爷被夺去盟长职位，继任的阿鲁克尔沁王爷移会盟地于阿鲁克尔沁旗。距今8000年前的上窑石器文化遗址位于西拉木伦河流域翁牛特草原西北部，其中出土的石制大型砍砸器、小型刮削器和经过火烧的肿骨鹿化石证明一万多年前人类就在这里繁衍生息。

黑哈尔河塔拉是阿鲁克尔沁旗著名草原之一。东北面崇山峻岭环绕，西南延伸着无垠的沙坨草甸。沙坨草甸地势低，常年积水，形成无数小水泡，周围生长各种灌木。乌力吉木伦的支流黑哈尔河从草原中间穿过，两岸芦苇、蒲草、柳条丛生，在碧蓝弯曲的河水边镶上了绿色、红色、银色交织的彩线。黑哈尔河西面有乌力吉木伦的另一条支流欧木伦，著名的腾格里乌拉被河水分为两段，两段之间是一个天然隘口，深壑之中狭长的川甸地势平坦，土地肥沃，是阿鲁克尔沁的米粮川。西段山连接大兴安岭余脉群山，南望一马平川。一山之隔，南面农田千顷，阡陌纵横，炊烟袅袅，稻禾飘香；北面群山起伏，林木蓊郁，碧草百花，畜群如云。

这些草原的生活仍然具有浓郁的科尔沁草原风情，每一处景点都让你充分体验草原的宽广秀美和坦诚热情。水草丰美的草原物产丰富。肉乳兼备的草原红牛、体壮毛长的敖汉细毛羊、奔驰如电的科尔沁快马驰名中外，林间草地盛产山珍野味如蕨菜、白蘑、黄花，还有名贵中草药麻黄、黄芪、金莲花，而那些草原上盛开的野花：芍药、百合、杜鹃、桔梗、玲兰，使草原五彩缤纷，也都是价值很高的药材。

回望历史长河，多少游牧民族在这片水草丰美的草原生息。有历史记载以来，先是东胡人，其后是东胡的分支乌桓、鲜卑，再往后是库莫奚、契丹，之后是女真、蒙古。契丹人公元十世纪初崛起，在不长的时间里称雄大漠，对中原虎视眈眈。公元916年，契丹人建立辽国。今天的昭乌达地区在辽代是契丹王朝的政治文化中心地带，其后历经几个朝代一直延续着文化经济的繁荣。因此昭乌达大地随处可见辽以及金、元、明、清的古迹。

巴林草原有辽代上京遗址。辽在统辖范围内设立了五个京城，中京在今宁城，东京在今辽阳，南京在今北京西南，西京在今大同，上京是辽代第一京，也是北方游牧民族建筑的第一座京城。城址在今巴林左旗林东镇。辽上京建于辽太祖神册三年（919）。城池由南北两城组成，整个城址呈“日”字形，建筑气势雄伟。北面是皇城，皇宫位于皇城正中，院内设有宫殿。皇城东南角多是寺庙建筑，有天雄寺、天长观等。皇城北部是后宫，建有五排东西对称的宫殿。汉城在皇城南面，居住契丹和汉族平民，一些手工业作坊也设在这里。上京附近南北山上各筑有一座八角密檐式砖塔。

林东镇向南30公里有一片古城废墟，这就是辽祖州遗址。据说辽太祖耶律阿保机的四辈先人都出生在这里，因此称祖州。祖州北山谷中有耶律阿保机的陵墓，附近祖山据称是契丹始祖的发祥地。这里确实是风水宝地，峰峦叠嶂，泉水清冽，树市茂密。秀丽景色令人过目难忘。阿鲁克尔沁草原罕苏市的白城被确认为蒙古林丹汗京都。城池地处阿巴嘎哈尔罕山山阳，由内外城组成。内城四面各长250米，外城南北长500米，东西长980米。

清朝初期，清王室先后把七个公主嫁到昭乌达地区，现存多座清代公主墓。敖汉旗双庙乡有端敏固伦公主陵。端敏固伦公主为清太宗皇太极长女，下嫁敖汉部台吉塞臣卓里克图之子班第，其夫后来成为敖汉旗第一位札萨克。巴林草原上有两座公主陵。淑慧固伦公主是顺治第五女，孝庄文皇后所生，顺治五年下嫁巴林右旗札萨克色布腾。墓中有康熙写的圹志文。公主陵两次迁移，位于查干木伦的现址，在“文革”中遭毁坏。白音尔灯苏木规模宏大的陵园是清代康熙皇帝的次女和她的丈夫巴林郡王乌尔衮的合葬墓——荣宪公主墓。荣宪公主的墓葬规模宏伟，地面建有享殿，筑有地宫，刻碑立石。墓中随葬品十分丰厚，用金枝玉叶形容这位蒙古王后一点也不过分。公主头戴赤金凤冠，身着珍珠团龙袍服。缀满宝石、珍珠的凤冠，佩以金丝点翠和形状各异赤金孔雀步摇，衬以“岁寒三友”和“喜鹊登梅”等金碧辉煌的金簪，富丽堂皇，光彩照人。在众多雍容华贵的装饰品中，“众星捧月嵌猫宝石金钗”以金为托，珍珠作星，猫眼宝石嵌在正中，形成众星捧月之势，最为引人注目。“珍珠团龙袍服”由十万余颗珍珠串成八团祥龙图案，四周间以祥云和海水江牙。绚丽多彩的花纹和纯洁高雅的珍珠，组成了这件珠光闪烁、世所罕见的袍服，向世人展示了荣宪公主生前的风采。这座珍贵的古建筑群在“文革”中毁于一旦，只留下了白玉石坊和陵墓的基座。

其他古迹如各代名城、王府、寺庙、陵墓，还有天主教堂、清真寺，建筑各具特色，体现了不同时代、不同民族和不同宗教的文化遗存。

巴林草原还有一样神奇之物，那就是瑰丽多姿的巴林石。关于巴林石，流传着这样一个故事。成吉思汗统一了蒙古族各部以后，在巴林草原上举行宴会庆祝。宴会上，成吉思汗把酒祭天，祈祷蒙古族各部永远团结，繁荣昌盛。就在这个时候，巴林部有人上前，向成吉思汗敬献了一块石头。这石头色如洁白的乳汁，闪烁着柔和的光泽，质地像锦缎般光滑。成吉思汗顺手把它盖在了酒坛子上，不料恰好与酒坛口吻合，正所谓“天作之合”。成吉思汗仰天大笑，说这是“上苍赐石”。宴会上所有的人一片欢腾，纷纷开怀畅饮，祈祝上苍保佑蒙古帝国兴旺昌盛。后来人们发现，巴林草原的牙玛吐山上盛产这种“天赐之石”，就称它为巴林石。

巴林石又叫蜡石，质地细腻，温润晶莹，适于雕琢，是一种花纹和色彩变化多样的玉石。巴林石从质地颜色上区分有三大类：鸡血石、冻石、彩石。鸡血石血色鲜艳，硬度适中，是印章石材的极品。冻石呈透明、半透明状，细润晶莹，色泽柔和。彩石以色彩见长，天然纹理就像一幅幅绚丽多彩的图画。切割成片成块，你的眼前就展现出绿色垂柳、高山流水、挺拔的墨竹、绚丽的花朵，真可谓千姿百态，色彩斑斓。这三类每一类中又有各色珍贵品种。据说早在辽代，文人雅士就已经用巴林石雕刻书斋用具。现在，巴林石已经成为与福建寿山石、浙江青田石并称的优质治印、雕刻石材。

今天，这片远古森林繁茂、水草丰美的古原在岁月雕蚀中改变了容颜。但是，这里的草原为人们提供了对远古的遐想、对历史的追思、对未来的展望，相信在巴林草原儿女的努力下，这片草原将重染绿色、丰饶依旧。

戈壁奇观乌拉特

据说成吉思汗的弟弟哈巴图哈萨尔十五世孙布尔海统率的乌拉特部落，最早游牧于呼伦贝尔草原。明末清初布尔海派他的三个儿子带兵占据了阴山南北。从此以后，人们统称这一带为乌拉特草原。乌拉特草原包括乌拉特前旗东北部、乌拉特中旗大部和乌拉特后旗的全部，面积为约470万公顷，约占巴彦淖尔市总面积的3/5。其中草场面积有约400万公顷。千里阴山如同青色巨龙盘旋逶迤，将乌拉特草原分为南北两部分。山北海拔1500米以上，属于高寒荒漠区，浩瀚戈壁构成乌拉特草原的主体。山南狭长的一带草原与八百里河套平原相连，气候温和、四季分明，草木茂盛。

乌拉特草原主要由沙漠、戈壁、丘陵三种类型的草场构成，基本属于荒漠草原。由东到西，降雨量逐渐减少，相应的禾本科牧草逐渐被带刺的灌木类、蒿类植物代替。草原的绿色并不浓郁，并且随着牧草类型的变化，绿色浓淡不同分出层次。间或有野花点缀，黄色、白色、红色，斑斑点点洒落在斑驳绿色中。戈壁植物梭梭林、红柳、沙柳绚丽多姿，为戈壁增添了无限生机。这种植被特点决定了草场上的畜种结构。由东到西，牛、马、绵羊逐渐减少，而山羊和骆驼增多。不过，和乌兰察布北部草原类似，这里的牧草虽然不繁茂，草场平均载畜量不高，但因为牧草含碱量大，牲畜肉味鲜美。

骆驼甩着宽大的驼掌在荒漠草原跋涉，耐饥渴，抗严寒，是乌拉特草原的优良畜种。它们叼起能刺穿皮靴底的尖硬荆棘慢慢嚼下，经过不断的反刍全部消化。当清脆的驼铃在漫天黄沙中不停摇响，你骑坐在宽大高耸的双峰间，它美丽的大眼睛安详平静地注视着远方。伴着驼身在行进中有节奏地摇晃，你对沙漠戈壁莫名的恐惧渐渐消失，油然而生对这些“沙漠之舟”的崇敬和信赖。乌拉特草原现在存栏骆驼近四万峰，已经成为内蒙古自治区仅次于阿拉善盟的骆驼产地。

二狼山白山羊是乌拉特草原又一珍贵畜种。它在国际上独成一系，闻名国内外。随着畜牧业科技水平的提高，二狼山白山羊的品质日益改观，个体生产性能越来越好，总数也大大增加，发展到一百万只左右。近些年来，二狼山白山羊的羊绒及其制品出口量逐年增加，产品远销美国、英国、日本、意大利等七个国家和地区，成为内蒙古自治区出口创汇的拳头产品之一。

在乌拉特草原可以看到很多野生动物，黄羊、野驴、盘羊、岩羊、青羊、狍子、狐狸、野兔和狼等走兽穿行于草原沙漠，出没在山崖林木间；雕鹰等飞禽在天空翱翔，沙鸡、石鸡、沙雀成群结队。乌拉特草原还盛产苁蓉、锁阳、枸杞、甘草等珍贵药材，当地生产的发菜名扬海外。

集中分布于乌拉特草原一带的阴山岩画说明从远古起这里就生活着游牧民族。阴山岩画分布地段西起阿拉善左旗，东至乌拉特中旗，中间包括磴口县和乌拉特后旗。在东西绵延三百公里、南北宽约四十到七十公里的阴山山脉狼山的广阔区域，山崖巨石上不时出现笔法质朴简洁的图画。北魏地理学家郦道元在《水经注》中描写道：“河水又东北，历石崖山西，去北地五百里，山石之上，自然有文，尽若虎马之状，粲然成著，类似图焉，故亦谓之画石山也。”文中“画石山”就是现在的阴山山脉狼山一带。

岩画内容极为丰富，有狩猎、车辆出行的场面，有动物、骑士、人面的造型，还有穹庐毡帐岩画等。由于岩画为不同民族在不同时代创作，岩画技法多样，风格变化多姿，但是都具有鲜明的游牧民族特

色，画面广阔，构图质朴，笔触遒劲。依照岩画的创作时期划分，有原始氏族部落岩画，春秋时代至西汉的匈奴岩画，北朝至唐代突厥人岩画，五代至宋朝的回鹘和党项人岩画，元朝之后的蒙古民族岩画。

在观赏岩画的同时，你还可以饱览狼山的自然风光。狼山风景中乌拉特后旗洪羊洞久负盛名。洪羊洞群山环绕，风光旖旎。群山之顶云遮雾罩难现真貌，峭壁上苍松翠柏虬踞龙盘，绿草百花将山坡装扮得五彩缤纷，岩羊、青羊在悬崖间跳跃，鹰雕在高远的蓝天上翱翔。进入洪羊洞，地势逐渐开阔，洞底流泻出一股清泉，蜿蜒流向洞口。洪羊洞石壁上，凿有两个洞龛，里面分别有两尊塑像。传说一个是孟良，另一个为焦赞，因为盗回杨令公尸骨有功而立塑像供奉。洞口下面，有一个光滑的足印，相传是在洞内隐居修行的仙人足迹。在泉水滋养下，洞外草木如茵，常年绿色浓郁。在洪羊洞周围还有很多天然岩洞，其中一些供奉着神像。

有道是“不到长城非好汉”，在乌拉特草原成为好汉是一件极为容易的事。有三条古长城在乌拉特草原上盘踞。乌拉特草原东南端，一条弯弯曲曲、时隐时现的白带镶嵌在乌拉山山坡上，这是著名的赵长城遗址。《史记·匈奴传》记载，赵武灵王曾“北破林胡、楼烦，筑长城自代并（傍）阴山下，至高阙为塞”。武灵王从今山西代地起，沿阴山筑长城止于乌拉山，在巴彦淖尔市境内延伸42公里。另外一条长城从包头固阳进入巴彦淖尔，沿查石太山向西，经乌不浪口进入狼山，延伸至乌拉特后旗的潮格温都尔西消失，在巴彦淖尔境内延伸240公里。

秦汉时对赵长城进行大规模改建，大部分地段翻越阴山山脉。秦长城大多采用石块垒砌，墙体坚固，气势雄伟。至今，在乌拉特前旗小佘太乡灰腾沟仍保存着一段完好的秦长城，城墙基宽约八米，顶宽约三米，高五米有余。

汉代基本沿用了秦长城，只是对个别地段进行了改建和新建，沿长城加筑了关隘、亭障、烽燧。著名的鸡鹿塞、五原塞、光禄塞等都在巴彦淖尔市境内。在狼山哈隆格乃山口西的鸡鹿塞至今还存有一座方方正正的石城。当年，汉代大将霍去病攻打匈奴走过鸡鹿塞，匈奴呼韩邪单于到长安求亲走的也是鸡鹿塞。光禄塞在乌拉特前旗明安乡，现在依稀可辨当时的城墙残迹。匈奴呼韩邪单于南下投汉，请求住在光禄塞，其后昭君出塞走的就是这里。汉武帝时，在原有长城的北面新筑了两条外长城。南边一条东起今武川县境内，经固阳县、乌拉特中旗、乌拉特后旗，一直延伸到蒙古人民共和国境内。靠北一条东起达茂联合旗，经乌拉特中旗、乌拉特后旗，向西进入蒙古人民共和国境内，再折而向南，与额济纳旗的长城相连。这两条外长城基本平行，南北相距五至五十公里。

和古长城一样有名的是唐代三个受降城。三个受降城中的两座在乌拉特草原。西受降城遗址在乌拉特中旗乌加河附近，中受降城在乌拉特前旗东部。唐代著名诗人李益《夜上受降城闻笛》中描述：“回乐峰前沙似雪，受降城外月如霜。”不知他描写的是哪个受降城，但以受降城代表边关足以说明这三座城在当时就很有名。

在狼山上还有一座著名的庙宇——阿贵庙，是内蒙古红教派喇嘛惟一的活动场所。阿贵庙建于1789年，藏名为“拉西红布•嘎定林阿贵”，清代更名为“宗乘寺”。阿贵庙最盛时有四百多位喇嘛，教徒、游客云集常常达数千人。至今仍然吸引各方人士，香火很旺。庙宇的宏伟建筑与狼山壮观的自然风景相映衬，更增添了一番意趣。前面提到的洪羊洞和其他岩洞离阿贵庙不远。

乌拉特草原浩瀚戈壁茫茫无际，漫长岁月遮掩不了草原文明的光彩。如果你骑上骆驼深入瀚海，戈壁奇观会述说那些古老的故事，草原新貌将展示今天的美好。古代边城的悠扬笛声和着戈壁草原的清脆驼铃，奏出乌拉特草原独特的交响乐。

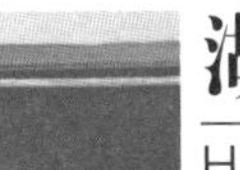

湖——影落明湖青黛光

HUYINGLUOMINGHUQINGDAIGUANG

在山中寂静涌起
以探测山岳自己的高度
在湖里运动静止
以静观湖水自己的深度

碧野明珠达赉湖

很久以前，草原上幸福地生活着一对孪生姐妹：呼伦和贝尔。一年，肆虐的旱魔披着满头黄发，挟带风沙，呼啸而来，一片碧野霎时间黄沙漫漫。美丽勇敢的呼伦和贝尔，为了草原的绿色，与凶残的旱魔殊死搏斗。几番恶战，都难以降服旱魔。最后，她俩化为奔涌不息的碧波，终于让旱魔俯首称臣。从此草原上出现了一对姊妹湖——呼伦池和贝尔湖，宛若镶嵌在碧野上的银色明珠，给草原带来祥和富饶。银色的乌尔逊河接连两湖，仿佛姊妹俩挽在一起的手臂。克鲁伦河、额尔古纳河、海拉尔河、伊敏河是姊妹手中撒出的蓝色飘带。每当白云掠过，草原上飘荡起悠远的歌声，人们就想起这个美丽的传说。湖上升腾起的水雾薄纱般轻柔洁白，那是呼伦和贝尔为祝福草原绿色永驻献上的哈达。

贝尔湖是中蒙两国的分界湖。呼伦池在新巴尔虎左旗、右旗和满洲里之间，也称为达赉湖。

达赉湖万顷碧波，北倚石崖，南临广袤草原。而这烟波浩渺的湖水究竟有多么宽广，却一直众说纷纭。史书记载，呼伦池水曾几经沧海桑田。《唐书》称湖水周围五六百里，可到了18世纪末竟成了一片沼泽。据说20世纪初，只有低洼处有些小水泡子。后来克鲁伦河暴涨，哈拉哈河直接和乌尔逊河相沟通注入呼伦池，一年间零零星星的小水泡子连成万顷碧波。此后湖水不断上涨，1965年达到了2330平方公里。现在湖长约一百公里，宽约50公里，周长400多公里。

站在湖边如同面对无边的大海，涛声阵阵，水波汹涌。蓝天绿草白沙红崖，水面点点白帆，远处草原上各色畜群悠闲自在。渔歌和牧歌相谐，水波与草浪交映。如果你恰好在某个夏日黎明面对湖水，也许有运气看到达赉湖的海市蜃楼。优雅的亭台楼阁、沉静的古刹幽庵、热闹的街市和崇山峻岭展现在你眼前。正当你惊叹不已时，美景倏然消失，面前只有达赉湖伸向天际的碧蓝。这一切让你想到大海，难怪人们称它“达赉”（蒙古语“海”的意思）。

春风吹起的时候，成群的天鹅翩然飞临。这里除了大天鹅外，还有疣鼻天鹅，疣鼻天鹅又叫红嘴天鹅，嘴呈粉红色，前额有黑色疣突，是世界珍贵水禽之一。疣鼻天鹅在印度洋和非洲南部过冬，远翔万里来寻故地，同时回来的还有雁、鸭、鹤、鹳、鸥、鹭等。其中，丹顶鹤、白鹳、白鹤都属于珍禽。美丽的达赉湖因为它们的到来热闹起来，整个夏天，波光粼粼的湖面、泛着银光的苇丛、石崖和沙滩成了它们嬉戏的天堂。湖里种类繁多的鱼虾，为它们提供了无尽的美食。它们欢乐的喧闹声此起彼伏。

达赉湖与贝尔湖之间有一个狭长的湖叫乌兰诺尔，面积约70平方公里。湖中有岛，一到夏秋两季群鸟云集其上，人们称之为鸟岛。茂密高大的芦苇如绿色屏障，你可以听见欢快的鸟鸣此起彼伏，却难以见到它们的身影。清晨或傍晚，当鸟儿从芦苇中飞腾，或者向湖面降落，空中如同遮盖了一层彩色的云雾，鸟儿呼朋唤友的鸣叫响彻天宇。达赉湖区已经成为世界级珍禽、候鸟和湿地生态保护区，鸟儿终于可以安心地在乌兰诺尔鸟岛和达赉湖繁殖生息。

达赉湖从远古就成为动物的乐园。在达赉湖周围的草原上和扎赉诺尔矿煤层中，考古工作者挖掘出大量的猛犸象、披毛犀、原始牛、东北野牛、转角羚羊等古生物化石。1980年出土的一具猛犸象化石，属松花江猛犸象，骨架大部完好，是我国同种属中第二具较为完整的珍贵标本。今天，达赉湖区仍然有许多兽类出没，其中也不乏珍奇动物。

达赉湖不仅为动物提供护佑，它更将丰富的蕴藏奉献给人类。

目前考古资料可证实最早生活在湖边的是古扎赉诺尔人。大约在一万年前，古扎赉诺尔人就在湖畔捕鱼逐兽。湖泊周围挖掘出大量的石器、陶片，许多是细石器，还有骨制的鱼叉、鱼镖。那些对我们而言面影模糊的扎赉诺尔人，创造了闻名世界的扎赉诺尔文化。

达赉湖从1914年开始了天然捕捞作业，现在是内蒙古最大的渔场。早已在天然捕捞基础上开始了水产养殖。达赉湖可利用水面占全内蒙古可利用水面的44%，年产鲜鱼约8000万吨，鱼种100多万尾。早在1980年，达赉湖生产的鱼罐头和湖米就成为淡水鱼出口创汇的“拳头” 产品。今天的达赉湖不仅保持着它原有的鱼类，还陆续引进了一些珍贵鱼类：大马哈鱼、虹鳟鱼和大小银鱼。水产养殖结束了曾经极大破坏自然资源的过分捕捞，达赉湖日益变为一个在保护自然资源基础上提高综合利用价值的湖泊。

说起这些，自然让人想到“双湖鱼跃”的奇景。每到七八月，在达赉湖通往贝尔湖的一条河叉——乌兰岗，可以看到成群的鱼儿密密匝匝地聚在鱼栅前，争先恐后，腾跃而起。阳光下各色鱼鳞流光溢彩，水在奔涌，鱼在游动，那河就像一条五彩斑斓的巨龙，欢快地穿行在碧野上。当年叶剑英元帅在这里赋诗：“鲤跳龙门事已陈，乌兰湖畔一番新。鲤鱼跃跃争先进，头破鳞伤竟不停。”这些不惜头破鳞伤拼死飞跃的鱼其实不想一跃成龙，它们是为了生命延续而搏击。当地渔人说，贝尔湖中的鱼类，随着气候、温度、水流、饵料的变化，每年都要回游。当秋水渐寒时，鱼儿聚集到贝尔湖水深处越冬。

春天，鱼儿又经乌尔逊河，到达赉湖浅水处产卵。这个游人最喜欢的奇特景观，表达着鱼儿多么顽强的生命向往！看着它们拥挤前行的身影，我不禁想，这些鱼儿大概也是为呼伦和贝尔姊妹传递思念的信使吧？

秋霜降临，草木泛黄。天格外高远，湛蓝明澈；云格外洁白，随着秋风变幻着走远；达赉湖水也变得深沉，波涛不兴。天鹅、鸿雁、野鸭们就要离去，队队行行徘徊在湖面上、天空中，悠悠长鸣吟唱着它们无尽的眷恋。候鸟远去，湖畔和鸟岛渐渐安静下来，天空不时掠过白尾海雕和大鸨的身影，为什么它们竟显得有些寂寞？

当冰雪覆盖大地，湖水凝成银色，达赉湖如娴静的睡美人，风雪从上面掠过，人们在冰面上忙碌，都不能惊醒它的沉沉梦境。这时候，生命的喧嚣好像已离它远去。可你看吧，人们正凿开几米厚的冰面，从湖里拉出欢蹦乱跳的鱼，那些肥硕的鱼儿，好像永远也捞不完！达赉湖沉静的表面下，生命依然欢悦着。

而达赉湖畔生命的喧闹不知可以追溯到多么久远？

关于呼伦池的记载最早见于《魏书》（公元554年北齐时成书），称其为“大泽”。《唐书》称为“俱轮泊”，《蒙古秘史》称为“阔连海子”，《元史》为“呼图泽”，《明史》为“阔连海子”，《清一统志》为“库楞湖”，《朔漠方略》为“呼伦诺尔”等。“达赉湖”是清初开始的称呼。

秦以前这里是东胡人的居所，东汉时居住着鲜卑人，他们与东汉来往频繁。从古墓里出土的大量文物，那些细泥灰陶大碗和五彩丝绸，我们可以推想湖边的鲜卑人过着古朴而又丰裕的生活，他们用山珍海味从远方换来这些美丽物什装点生活，享受安宁和欢乐。

蒙古族崛起后，由额尔古纳河逐渐扩张，达赉湖边就一直活跃着他们的身影。成吉思汗向来视河水湖水为神圣。据说，他远离故乡出征前，在达赉湖边设祭坛奉上牲畜祭祀。突然波浪翻卷，巨浪推着一个洁白的螺号送到他脚下。他俯身拾起，轻轻一吹，雄浑嘹亮的号角顿时响彻草原。此后，每当螺号吹响，成吉思汗的战士就勇猛出击，在号声的鼓舞下驰骋战场，所向披靡。

在达赉湖西岸陡峭悬崖的南面，湖水中矗立着一根高约10米，周长15米左右的石柱，人称“成吉思汗拴马桩”。达赉湖畔曾经是成吉思汗统一蒙古各部和讨伐金的古战场。成吉思汗也许从没有在这个高大石柱上拴过马，但巴尔虎蒙古人为了纪念他，正对着“成吉思汗拴马桩”在岸上悬崖顶建了一个“望湖亭”，当你面对烟波浩渺的湖水，和那如同定湖针一样的石柱，耳边也许会响起咚咚战鼓、啾啾马嘶、冲锋的号角和将士的呐喊，眼前浮现出成吉思汗威严沉静的面影。

收回思古幽情，凝望月下的达赉湖，浪涛拍岸的巨响更衬出夜晚的安谧。月光在湖面上投下一条摇曳的光影，光影中水波闪烁，如同折射出诱人光泽的钻石在月色中舞蹈。光影延伸向无限远，银色世界里，清风带着洁净凉爽的水汽拂面而来，令人仿佛置身仙境，如梦如幻。

当晨曦染红湖水，达赉湖舒展优美的身姿，迎接冉冉升起的旭日，湖上喧闹的一天重新开始。烟波浩渺的达赉湖，就这样日复一日湿润着碧野，护佑草原生命不息，绿色永驻。

珍禽乐园达里诺尔

达里诺尔的万顷碧波荡漾在海拔1226米高度，这样的高原内陆湖并不多见。

达里诺尔的意思是“海湖”，长25公里，宽15公里，是内蒙古四大湖泊之一。有人形容：“如果绕湖一周，两匹好马一刻不停地朝着相反方向跑，需要一天才能相遇。”临湖远望，烟波浩渺，水天一色，如同宽广的海洋。海湖的称谓大概由此而来。

据《辽史》记载，古时这里除达里诺尔外，还有“鸳鸯泊”、“黑水泊”、“纳葛泊”等众多湖泊。现在的达里湖群由四条草原河

联结达里诺尔大湖和达更诺尔、岗更诺尔、杜乐诺尔三个小湖。贡格尔河迤逦北来；石岭河飘然掠过牛泡子从东面入湖；羊腾河在南面欢快地融入大湖；亳伦河经鲤鱼泡子自东注入，组成总面积为254.4平方公里的达里诺尔湖区。登高望远，这一片湖区如同大小不一的蓝色宝石穿成一串晶莹的项链，闪烁在绿色丝绒般的贡格尔草原上。必须为亳伦河多书一笔，它是世界上最窄的河。亳伦河又名耗来河，译为汉语意思是“嗓子眼”，也是形容它的狭窄。亳伦河全长17公里，平均水深50厘米，一般只有10多厘米宽，最窄处只有几厘米，在河上放一本书就可以当桥，因此又称为“书桥河”。凭栏远眺，如果另外几条河可以视为飘动的蓝色绸带，亳伦河就是难以察觉的纤细银线，缠绕在贡格尔碧野上。

达里诺尔向来以水产丰富著称，因为湖水内陆蒸发，没有外泄，含盐较高，属半咸水半淡水湖，盛产鲫鱼、瓦氏雅罗鱼（华子鱼）。达里诺尔是赤峰最大的渔业基地，年产鲜鱼600吨。这里的鱼肉味鲜美，堪称一绝。恰在捕鱼季节，湖面上点点白帆，叶叶扁舟，渔人辛勤劳作，渔歌清悦而悠扬，网里舱里鳞光闪闪，预示着又一个

丰收。清末编写的《口北三厅志》有生动描绘：“所产皱子鱼，每年三四月间，自大湖溯流而进，填塞河渠，殆无空隙，人马皆不能渡。”相传达里湖众多湖泊中的鲤鱼，是清朝时骆驼队驮着装在牛皮口袋里的黄河鱼苗放养繁殖起来的。

放眼望去，湖北岸砧子山形象逼真。沿着湖西一条曲曲弯弯的金色边墙，可以直达应昌府旧址。元代至元七年（1270）弘吉剌氏在达里湖畔建立应昌府。大德十一年（1307）特薛禅的四世孙碉阿不剌力封为鲁王，所以这座城池又称鲁王城。湖南岸曼陀山怪石嶙峋，上有元代兴建的龙兴寺，庙宇依山而建，庙前有一巨大石碑，字迹依稀可见。还有水莹洞，奇妙的景致令人赞叹。湖东侧，是一片火山熔岩，上有56座保存完好的火山口，那就是著名的达里火山群。

回眸远眺，湖南面与塞上雄关赛罕坝遥遥相望，西接锡林郭勒大草原，东衔大兴安岭的支脉黄岗梁，东北是绵延数十公里的世界珍稀树木红皮云杉林。这片约三万亩的红皮杉林是原始森林的残留，从位置、面积以及树种分析，基本可以认定就是宋辽时期“千里森林”的所在。面对古老而沉默的杉树，我们不免会发思古之幽思：那史书里蓊郁千里的森林是毁于天灾还是人祸？达里湖一带既是古战场，又是契丹族所建辽国之发祥地，后来又成为元朝的重要军事要塞。不论森林是被闪电雷击，还是人类的烟火点燃，蔓延千里的火焰和升腾的浓烟都曾使看到那情景的人们感到震撼和莫名的恐惧吧。也许并没有这样惊心动魄的场面，那横亘千里的森林在自然的变迁和人类的砍伐中一点点消失，像柔软的水洞穿透坚硬的岩石。

碧海银滩风景区位于达里湖南岸，是达里诺尔旅游风景区新开辟的一处旅游景点。该区东临曼驼山，南临浑善达克沙地，风光秀丽，景色迷人。

曼陀山是一个集山川、湖泊、沙地、草原、灌丛于一体的旅游、观光、休闲胜地。据《元史》记载：“元二十四年（1278），蒙古乃蛮部反叛，元世祖皇帝忽必烈率军亲征，途经此地，驻跸应昌之夕，山巅一佛临空，现身金色，如影如幻……遂做佛事七昼夜”，

终于一战得胜。元泰定二年（1325），皇帝的姑姑鲁王妃大长公主普纳、鲁王桑哥不剌为志此事，曾在天然山洞旁建观音殿，名曰：龙兴寺，洞曰净梵天水云洞，现有龙兴寺碑刻和净凡水云洞遗址。

曼陀山西边有奇石观赏区。形态各异、惟妙惟肖的奇石或卧或立。有“曼陀大佛”、“海豹浴日”、“石瀑”、“金蟾欲跃”等等。曼陀山南面是旅游度假村，那里体现的是现代化和民族文化的完美交融。西式的洋房别墅，给您置身都市的感觉，古朴的蒙古包让您领略浓浓的民族风情。

这些还不足以说明达里诺尔的神奇。达里湖群周围的山地、森林、沙漠、草原，使这个地区形成了一个奇异的生态环境。湖岸边生长着茂密的芦苇，湖中有“岛子”，这些为候鸟栖息和产蛋孵化提供了理想的场地；湖水中的鱼类和丰富的水生生物为鸟类提供了鲜美的食物。因此，达里诺尔特别适合鸟类的栖息和繁衍，很久以前就成了百鸟乐园。

辽代，人们将这里众多的湖泊命名为鸳鸯泊、鹤淀、鸿泊等，史书一直称达里湖为“千鹅湖”。近年来，科学考察队经过春、夏、秋三个季节的考察，查明这里的鸟类有15目、32科、109种之多。达里湖还是西伯利亚候鸟飞往我国东南沿海乃至日本、韩国一带的集散地和歇脚点。国家一类保护鸟类丹顶鹤、白鹳、白枕鹤；二类保护鸟类大天鹅、灰鹤、小天鹅、蓑衣鹤都汇聚这里，繁衍生息。

每年3月，一群群苍鹭、银鸥结伴而来，在荒凉的湖畔率先安营扎寨。4月，数以万计的野鸭以家族为单位来到这里，筑巢产卵，繁殖后代。5月春暖花开，各种候鸟相继来到，从这时到秋冬，这里一直上演着百鸟朝凤的动人戏剧，这神奇的凤凰就是百鸟眷恋的达里诺尔。

百鸟中最引人注目的当然是天鹅和丹顶鹤。达里诺尔湖区天鹅非常多。1985年秋统计，天鹅总数在2300只以上，而据当地的牧民讲，最多时，湖附近的草原上天鹅像羊群，雪白一片。每年湖区的丹顶鹤仅十几只，初春在水草或芦苇中筑巢产卵，5月初，大鹤便领着小鹤在湖边学步觅食。湖中的天鹅优雅地游着，岸边的丹顶鹤高傲地踱着步，当它们兴起而飞而舞时，你不由地感慨：这美丽而高贵的鸟儿不得不臣服于传说中的凤凰，它们大概不如它色彩斑斓。但它们的优雅与凤凰比谁为高下呢？我们推测那从未见过的凤凰，大概只能凭借眼前美丽的天鹅和丹顶鹤再加上自己的想象了。

9月以后湖区候鸟数量最多。天鹅、大鸨以及丹顶鹤、白枕鹤等珍禽夹杂在成千上万只大雁、野鸭、湖鸥中，鸣唳啼叫，盖满湖面，蔚为壮观。最早南迁的是丹顶鹤、蓑羽鹤、燕鸥，它们在9月下旬开始鼓翼南飞。进入10月，大量的候鸟成群结队南迁。秋风阵阵，气候渐冷。依依不舍的鸟儿们加快了迁徙的速度。大天鹅似乎最依恋它们繁衍生息的故乡，从10月开始，一小批一小批地飞走。它们走前在湖区上空长时间盘旋、鸣叫，眷恋之情溢于言表。而最后一批飞走的天鹅一直要等到11月下旬湖面完全封冻才下决心离去。

草原母亲额吉淖尔

锡林郭勒盟东乌珠穆沁旗的西南方有一个美丽的盐湖。湖的北边、东边临山，西面、南面是一片芨芨草滩和葱茏草地，这就是额吉淖尔——母亲湖。水波粼粼的额吉淖尔静静地流淌在绿色原野上，蓝天碧水浑然一色，天空飘浮的云朵倒映在清澈湖水里轻轻地游动。伫立湖边，透过蒸腾的水雾，远处连绵起伏的丘陵朦胧一线，湖水在飘忽不定的白雾笼罩中涟漪轻荡，色彩变幻无穷。秋季是盐湖最美的时节。登上高处俯瞰盐湖，湖心水面因为卤水饱和呈现出一片霞光，与周围金色的草原交相辉映，色彩无比瑰丽。

额吉淖尔是锡林郭勒草原上最大的天然盐湖，总面积为26平方公里，盐储量为2798万吨，年产原盐8～10万吨。额吉淖尔最大的特点是湖中有许多盐泉，常年喷涌不止。浓浓的盐卤，漫溢水中，经过风吹日晒，湖的表面就析出盐的晶体，沉积的盐层厚达三四寸，最厚的有2尺，从水中捞出已经是天然形成的晶块。而且这些盐晶体采而复生，年复一年，取之不尽，用之不竭。盐池所产的大青盐，一向以质地纯净、色青味正远近驰名。很早就有游牧人从这里捞盐食用了。那时候，凡途经盐池的行旅商人都要带上一块洁白如玉的青盐似为珍宝，而当地的牧民也有向客人们赠送造型奇特的青盐晶块表达自己的盛情。

这是一个古老的盐湖，《汉书•地理志》上就有关于青盐泽的记载。此后，《魏书•太祖纪》中载到："登国七年，幸市根山，遂次于黑盐池。"所谓黑盐池便是现在的额吉淖尔。青盐具有很高经济价值，因为产地偏远，一直没有专人管理。直到金代大定十二年（1172），朝廷才开始委派盐使、设官管理。到了元朝，盐业兴旺，官吏人员增至近百人。《察哈尔省志》载："蒙盐为锡盟中极大富源，天然特产，兹故撮要纪之。"青盐历史，从汉、五代、辽、金、元、明、清乃至民国的史料都有记载。明代著名的医学家李时珍曾在他的《本草纲目》里载大青盐"出于胡国故名戎盐……戎盐功同食盐，不经煎炼，而味咸带甘，入药似胜"。说明大青盐具有较高的药用价值。乾隆元年（1736）继吉兰泰盐池开采后，额吉淖尔盐池也开始大规模开采。最初由当地牧民捞取运往内地，到了清朝咸丰八年（1858），开始由当地乌珠穆沁旗王爷控制管理。每到旧历清明节，王爷派遣喇嘛俸经数日，祭供敖包，开湖准产。并派出"钱甲"（经营人员）和全副武装的旗队把守通往盐湖的各个道口。蓝色苍穹下，无边的绿草原，一队勒勒车缓缓行进，或许是一列骆驼摇荡着驼铃慢慢前行。那是在运盐，把驰名大漠南北的大青盐运往内地。而盐湖里，挖盐人赤身裸体，因为终日在阳光下暴晒和长期在盐水里浸泡，遍体青黑，被称为"哈勒奴德"。晶莹的大青盐凝聚着采盐人的辛酸和血泪。

如今，额吉淖尔盐池已发展成为一个机械化程度很高的生产企业。起盐、运盐、卸车、堆坨等各个生产工序全部实现了机械化。结束了数百年来人工挖盐，勒勒车、骆驼队运盐的历史。1971年以来，又建成了滩晒池床。原盐产量从1949年的14500吨提高到现在的10万吨。昔日荒凉的盐湖，如今被一片热闹繁忙的景象所代替，到处是忙碌的人群、奔驰的机动车辆、旋转的输送带，还有那如同皑皑雪山的盐坨。

由于额吉淖尔盐湖靠天然结晶生产原盐，往往是“无水不结晶，水大盐消融”，再加上夏季雨大，山洪暴发，四周的洪水挟带着大量的泥沙汇集到一起，侵袭和吞噬着盐湖。为保护盐池，1964年始，自治区政府专门拨款在盐湖周围修筑防洪坝、泄洪渠，另外，还打了自流井，昼夜向盐湖里注入清流，使古老的盐湖焕发了青春。额吉淖尔是内蒙古三大盐场之一，也是全国109家食盐定点生产企业之一，其生产的“母亲湖”系列盐产品已销往全国各地。

美丽的母亲湖为富庶的乌珠穆沁草原增添了无限风采。在一望无际的绿色草浪中，湖水晶莹，盐山洁白，盐池机械隆隆，雪白的大青盐如白色瀑布倾泻。暮色降临，晚霞染红天边，也染红了湖水和盐山。忙碌的盐池安静下来，在沉寂的草原上，盐池边住宅里明亮的灯光划破暗夜，在湖水里投下长长的光影。远处传来悠扬的马头琴和牧人的歌声，仿佛为辛劳的母亲送来了慰问

飘移迷你的查干淖尔

在美丽的阿巴嘎草原南部，一泓碧水在绿草蓝天间闪现，无际的湖面白浪翻滚，那就是锡林郭勒盟著名的渔场——查干淖尔。查干淖尔蒙古语意为白色圣洁的湖，地处郭尔罗斯草原东部，历史悠久，文化底蕴深厚。早在1.3万年前的旧石器时代晚期，查干湖边的青山头上就有古人类居住，考古界称之为“青山头人”。青山头人以打猎捕鱼为生，经过长期的积累发展，渔猎文化逐渐形成，到宋辽时期，

渔猎文化得到了进一步发展。而后，随着社会经济不断发展，人口逐渐增多，原有的渔猎、游牧生活方式已不能满足牧民们的生存需要，为了解决生计，把农业和渔业、牧业结合起来，三种文化在相互碰撞、相互影响中有机地结合在一起，最后形成了今天的查干湖文化。

查干淖尔是内蒙古四大淡水湖之一，面积约237平方公里。在锡林郭勒盟阿巴嘎旗汗布庙南40公里，由东西两湖组成。由于这里地势开阔，风力极大，湖水每年开湖时淘刷东北岸10余米，湖面逐年向东北侧扩大、移动。查干淖尔由昌都河、恩格尔河等13条主要支流和大大小小108个小溪、泉水汇聚而成。湖的东西两侧水质较好，这里水生物丰富，盛产鲤鱼、鲫鱼和皱子鱼。

从春到秋，这里是水鸟的天堂。成群水鸟在天空飞翔，在水中嬉戏。湖畔芦苇柳丛茂密，柔软的枝条随着微风摇摆，为广阔的湖水增添了许多妩媚。冬天大雪纷飞时，晶莹透明的青蓝色冰面上，散落点点积雪，就像农家自织的土布蓝底白花，色彩鲜明，质朴洁净。

这片湖水非常好动，这是它奇妙的特色。

传说很久以前，这一带活动着一峰骆驼，它的鼻锔是银子的，泉水不断地从鼻锔中汩汩涌出，形成一汪明亮的泉水环绕在骆驼周围。骆驼起身走动，小小的淖尔也随着它移动。后来，这峰骆驼来到现在的地方，卧下就不再起身，鼻锔里喷涌出来的泉水渐渐淹没了骆驼，日复一日，形成了一望无际的查干淖尔。也许骆驼还在水下，查干淖尔看似平静的湖面仍然在悄然移动。

据说，查干淖尔原来在它东面40余公里的奥隆宝力格。一个夏天，一条游龙在奥隆宝力格的淖尔里兴风作浪一天一夜。第二天，游龙不见了，可是，人们突然发现奥隆宝力格淖尔也不翼而飞。很快，大家在它现在的位置发现了它，宽广的湖水突然出现在原来的广袤草原上。从这个传说看，查干淖尔称得上是飞来湖了。这虽是一个传说，但查干淖尔与奥隆宝力格之间确实存在着旧河道，如果查干淖尔真的从奥隆宝力格移到现在的位置，那就是从低处移向了高处，真是不解之谜，太神奇了！

每年春季河面解冻，大块的浮冰在河口顺着水流往外冲，河口窄，冲不出去，就筑成一道天然冰墙。天气渐暖，冰雪融化，齐涌的河水顺着旧河道溢出去，最后流到奥隆宝力格，几天后又顺原路返回查干淖尔。这里的人们说："这是它回娘家探亲来了。"

这个好动的湖对于高原干燥的气候和草原生态的意义是非凡的。周围的畜群依赖于这片清澈的湖水和湖水四面的河流、泉水，草原因为水的滋养而丰润。站在高处俯瞰查干淖尔湖区，查干淖尔湖像一对闪闪发光，无数银丝缠绕的贝壳。这美丽的贝壳放置在丝绒般的绿草上，那些弯曲的银丝旁，洒满珍珠和各色宝石，那是游走在河流、泉水边的畜群和坐落在湖畔的星星点点的蒙古包。

查干淖尔还因为渔业和水产而兴旺。通往查干淖尔的道路车辆穿梭往来，将查干淖尔盛产的各种鱼类和芦苇蒲草运往各地。但是由于昌都河上游筑坝，查干淖尔注水减少，水质变劣，同时对湖鱼过度捕捞，尤其是捕捞产卵鱼，使查干淖尔大淖尔鱼类减少，产鱼量从过去的年产800吨下降到几十吨，不得不在1977年封湖养鱼，水质至今仍未完全恢复。小淖尔水质良好，适合冷水鱼生长。现在的查干淖尔渔业主要依靠小淖尔产鱼。

美丽的草原，美丽的湖，给人们带来湿润和丰饶，也需要人们的爱护。只有河流清亮、长流不息，湖水才能明澈，为万物提供滋养。

土默川银镜哈素海

土默川上有一湾碧蓝的湖水，在连绵起伏的大青山和波涛滚滚的黄河水之间，是肥沃的土默川平原，哈素海像一块茄子形蓝色水晶镶嵌在无际沃野中，似土默川上的一面银色明镜，映照着蓝天白云，青山绿树。

哈素海原名哈拉乌素，意为黑色湖水。清乾隆年间，山西人迁居于此，由于口语的原因，将哈拉乌素简称为哈素海，沿用至今。哈素海并不大，总面积约为30平方公里。哈素海形成的最初原因说法不同，有人认为它是黄河牛轭湖，还有人认为这里是土默川一带的最低处，土默川众多的季节性河流与雨水汇集于此，形成了内陆湖泊。哈素海过去就是一个季节湖，雨季成湖，干旱时干涸。现在岸边建起扬水站，引进并积蓄黄河水，形成了稳定的人工湖。水深处3米多，70%的水域平均深度1米以上。如今，哈素海在土默川上发挥着重要作用，湖水灌溉周围几万亩农田，也是开展多种经营的天然宝库。哈素海水质肥沃，水产资源丰富。盛产草鱼、鲢鱼、鲤鱼、团头鲂、鲫鱼等鱼种，还有河虾蟹，年产鲜鱼可达20多万公斤。芦苇年产量达几百万公斤。

同时，哈素海还是土默川上重要的旅游点。近几年来，临岸大量植树造林，辟湖造亭。第一扬水站总闸长约30米，高约10米，两端筑有凉亭，中间一条长廊相连。亭里设有石桌、石凳，供游人憩息。

登亭远眺，哈素海和周围景色尽收眼底。湖面波光粼粼，一平如镜，远山一抹淡淡的青色将水天相隔。原野的绿色参差变化，又涂

染上油菜花和葵花金灿灿的黄色、荞麦花轻柔的粉色、玉米穗闪烁的乳白色，一望无际的五彩缤纷在风中摇荡着，变幻出奇异的图画。

乘上一艘小船，在湖里游玩，别有一番感受。清风徐来，湖面波浪微漾，湖底的水草随着波浪摇曳，碧色更浓。小船摇向湖水深处，水天之间，出现了一片金黄，耀人眼目。驶近一看，原来浮萍上开满了黄花。娇嫩的花瓣随着浮萍的摇动微微颤抖，在绿色的衬托下，那样鲜亮，那样柔美。更加神奇的是，浮萍上、花朵间竟站立着无数只雪白的鸥鸟，它们周身银白，只有脖颈和尾、翼上覆盖灰色和黑色羽毛。望着驶近的小船，鸥鸟并不惊慌，它们拍拍翅膀，在浮萍上踱着步，神情傲慢而自在。船更近了，突然，所有的鸥鸟鸣叫着飞腾起来，像一片银色的云掠过天空。

茂密的浮萍铺满水面，小船撑杆向前，进入芦苇荡。如同进入了绿色的迷宫，小船弯弯曲曲地穿行在苇丛里。这里是野鸭的乐园，它们时而钻进水里觅食，时而唧唧呱呱欢叫着嬉戏。在芦苇丛中还有一些叫不出名字的水鸟，轻盈地飞落，停在颤动的苇枝上，或者和野鸭一起在水里遨游。哈素海水浅，水生植物茂密，浮游生物丰富。不仅适合鱼类繁殖，还适于各种水鸟生息。水鸟美丽的身影构成哈素海风景中的亮色，为湖水增添了无限的生机和活力。

因为交通方便，哈素海游人如织。从春暖花开一直到秋风骤起，这里总是洋溢着人们的欢笑。在干旱高原上，人们对水有一种渴望。荡舟湖中，水汽消除了人们的燥热，给人们带来了清凉，大自然清新的绿色、蓝色使人们身心清爽。夜晚，围坐在篝火旁，沐浴在湖面送来的阵阵清风中，品尝美味的鱼宴和各类时鲜瓜果，你的身心放松下来，充分领略置身山野的悠闲自在。风传送着人们愉快的歌声，篝火映照出舞动着的倩影。哈素海的波涛在月光下荡漾，水声不知疲倦地为人们的欢声笑语伴奏，直到湖畔一片静谧，只留下哗哗水声和清越的蛙鸣。

拂晓晨晖撒向大地，湖面一片金红。迎着第一束阳光，水鸟的鸣叫开始了。在此起彼伏的鸣叫声里，出现了它们优美轻盈的身姿，在满天朝霞中起舞。勤劳的渔人下湖了，歌声与水鸟的鸣叫相随。哈素海上迷蒙的面纱在越来越明亮的阳光下揭开，晶莹的面容一点点舒展，在蓝天白云下妩媚动人。

深山翡翠达尔滨湖

“达尔滨”，鄂伦春语为辽阔的湖。达尔滨湖在呼伦贝尔市毕拉河自然保护区内阿里河镇南275公里处，长约5公里，宽约2公里，呈椭圆形。据说，达尔滨湖是由古代的达尔滨火山喷发，熔岩堵截了毕拉河和阿木铁苏河水而形成。达尔滨湖地处大兴安岭深山老林中，四面环山，群峰耸立。高高的山巅峰顶，生长着遮天蔽日的原始森林。落叶松、樟子松挺拔伟岸，鱼鳞松、杉松、美人松、紧贴地皮的偃松蓊郁繁茂，白桦、柞木亭亭玉立，黑白相间；兴安色树、山榆、刺槐、水曲柳相间簇立，郁郁葱葱。湖滨奇石嶙峋，石块上铺满苔藓，石缝里伸出花草。草滩上，盛开着野玫瑰、山芍药、六月梅、霸王鞭等几十种山花，色彩斑斓，争奇斗艳。湖水清澈碧绿，不时跃起银光闪闪的锦鳞鱼。丹顶鹤在湖畔浅水和草丛、林木间徜徉，步态优雅，舞姿翩翩；白天鹅悄然降落在湖面，时而环游，时而下潜，悠闲惬意。成群的野鸭、鸿雁在这里栖息，还有其他各种水鸟也来这儿落脚。这里道路崎岖，游人很难到达，只有少数猎人冬季来到这里。所以这枚深山里的绿色翡翠，至今名不见经传，藏在深山人未识。

达尔滨湖在鄂伦春猎人的传说中神秘而吉祥。据说很久以前有两个鄂伦春姑娘在密林里采野果，遭遇了魔鬼“蟒盖”。他把姑娘们抓去为他缝制狍皮衣。到了夜晚，姐妹俩乘魔鬼熟睡逃走。蟒盖醒来之后，发现姑娘跑了，便飞快地追赶。眼看就要追上，这时从达尔滨湖飞来一只仙鹤，扔下两片羽毛。姐妹俩接到羽毛，马上腾空而起，驾着羽毛飞向达尔滨湖。蟒盖追来，湖水突然掀起巨浪，把魔鬼卷进湖中淹死了。两姐妹为报答仙鹤的救命之恩，每到秋季就到湖边点起篝火祭湖神。这其实也是鄂伦春人对自然的一种敬仰和崇拜。

大兴安岭秋色早早来临，8月初的达尔滨湖畔，柞树浅红，松柏翠绿，白桦杨柳一片明黄，金色染遍草地。林间，果树挂满果实，紫色的笃斯果、鲜红的红豆果、黄色的稠李子，还有很多叫不出名字的野果，用各种绚丽色彩点缀山林草滩。这些果实大多是极好的酿酒原料。这里还有闻名全国的榛蘑、桦蘑、猴头、木耳等山珍和几十种珍贵药材。湖水中游弋着各类珍禽水鸟，灌木草丛中充溢着欢快的鸟鸣。鄂伦春猎人一直生活在这一带，水中丰富的冷水鱼类鲫鱼、哲罗鱼等也是鄂伦春人的美味。今天，达尔滨湖已经成为鄂伦春自治旗的渔业基地。湖边经常有水獭、黑貂、獾子等珍贵动物出没，还有狍子、鹿等食草类动物活动。鄂伦春猎人常常骑着猎马，身穿狍皮衣，腰佩猎刀，背着猎枪，寻游在莽林之中，在允许狩猎的范围内继续他们的猎民生活。森林里、河边、湖畔，可以看到他们居住的“仙人柱”。有时，他们从只有自己知道的渡口下河，轻巧的独木舟驶过激流险滩，到达密林深处的河流源头。

达尔滨湖所处的大兴安岭中段胜景无数。

嘎仙洞位于阿里河镇西北10公里，洞在一石壁上，洞口呈三角形。长约100米，宽约28米，洞顶高10多米。不论四季，洞内异常凉爽。洞壁上有石刻祝文，经学者考证证实就是《魏书》所载的鲜卑石室旧墟。鲜卑祖先曾居住在这里，附近高山应当是传说中的大鲜卑山。山上林木茂密，河水潺潺，迷蒙山景仿佛述说着鲜卑人由此发祥的古老故事。

四方台山坐落在小二沟西北15公里，为鄂伦春旗南半部群山之首，山势陡峭，峰耸入云。白云缭绕在山腰，像一条纱巾遮掩了山峰的秀美容貌。四方台山原来是火山，山顶岩浆喷发凝固后形成了一个小湖，湖水清澈见底。周围火山熔岩石千姿百态，形态酷似爬地松的“阿勒恰”树风姿独特，生长在嶙峋奇石间。湖光山色，婆娑树影，仿佛仙境。

石门子位于小二沟东北20公里，接近毕拉河与诺敏河汇合处。河谷狭窄深幽，两岸赤褐色石壁如削，阳光照射在上面，就像燃烧着火焰。峡谷里河水湍急，奔流咆哮。雪白的浪花拍击石崖，喧嚣如雷。山峡弯弯曲曲，河水曲曲弯弯，河滩险峻，水流如风驰电掣，炫人眼目。河水冲出山峡后，撞上一根高大石柱，一劈两半，如两条飞腾的玉龙射向空中，又潜入谷底，水花四溅。石柱直挺像烟筒，人称烟筒石。激荡的河水奈何不了这根挺立的中流砥柱，蒸腾的水汽酷似烟筒里冒出的轻烟飘散在河谷里。

大兴安岭湖光山色河流丛林，处处美景各自展示着独特的风采，真是美不胜收，令人难忘。

神奇秀美的天池

兴安盟阿尔山镇东北70公里处的林海中有一个人称天池的湖。关于天池，这里流传着一个故事。传说年轻勇敢的猎手安格正一天在深山里打猎，看到一位美丽的白衣女子正被恶狼追逐。他一箭射中恶狼，救出少女。这位白衣少女是天上仙女，为报救命之恩，将一支神箭送给了安格正。从此安格正箭术更精，成了远近闻名的神箭手。王爷听说了这件事，为得到神箭，命人把安格正从山岭上推下深谷。王爷夺了神箭，为自己也会成为神箭手而狂喜不已。不久，王爷在狩猎时射中一只雪白的山兔，山兔带着神箭蹦蹦跳跳蹿入密林，转眼不见了。王爷和随从紧追不舍，追到陡峭的岭巅勒马不及，摔下万丈深渊。他哪里知道仙女在安格正摔下去的一瞬间在山谷里变幻出一池碧水，安格正已被白衣仙女救起，神箭也重新放回神箭手安格正的箭筒里。从此，勇敢的猎手与美丽的仙女在湖边开始了幸福美满的生活。

天池碧蓝的湖水蓄积在一个活火山口中，周围群山环绕，森林茂密。池底有泉水，湖水因为贮水的压力而自动调节，水多则降，水少则升。无论久旱不雨还是阴雨连绵，池水始终保持一个水位。澄清碧蓝的湖水，夏季波光荡漾，凉爽宜人；冬季冰面如镜，银光耀眼。湖畔森林中，鸟鸣啾啾，清风阵阵，花草香气袭人。待到白雪覆盖大地，山岭树木都披上了银装，你可以登上滑雪板，穿行在这神话般的银色世界里。

天池岸边是色彩斑斓的火山岩石，岩石上生长着偃松——爬地松。这是一种生命力极强的木本植物，生长在岩石缝隙里，姿态各异，令人惊叹。爬地松树干与枝叶都贴着地皮生长，因形就势铺展开繁茂的枝叶。柔美多姿的形体与粗糙的质感、遒劲的风貌融合，让人不由地感慨大自然的造化之功。瑰丽的火山岩，奇异的爬地松在高山林海的背景中，充满神秘的色彩，散发着无比的魅力和活力。

在天池附近还有许多像它一样景色绝佳的湖泊，如杜鹃湖和松针湖。

杜鹃湖属于火山熔岩堰塞湖，杜鹃湖岸也都是形态奇异的火山岩。两条熔岩像手臂伸入湖内，湖心岛如同将被捧起的珍宝。杜鹃湖周围长满杜鹃，每年早春，鲜艳的杜鹃花竞相开放，好似燃烧起五彩缤纷的火焰。湖岸的炽热被湖中一汪清波包容，那明澈的湖水微泛涟漪。环抱湖水的森林，就像倾慕她的挺拔少年。蓝天白云绿树都映在湖心。蓝天白云变幻不已，不变的是绿树常青。

松针湖也在演绎着绿树与湖水的挚爱。狭长的松针湖躺在松林间，一样的碧水清波。一棵高大的落叶松探身向湖，葱茏的枝叶时时抚摸着温柔的湖面，湖水扬起波浪回应松树的体贴。松树的感动无以言说，尽量伸展开巨大的树冠遮掩美丽的湖水，当秋风吹落他满身金光灿烂的松针，没有一根会落在其他地方，根根都随着湖水的波涛渐渐聚集湖心。

阿尔山地区散布着一百多个火山爆发后形成的湖泊，火山熔岩堰塞湖或者火山口形成的湖泊，个个景色秀丽，令人叹为观止。

除了湖泊，天池周围还有许多可观之处。

天池东北方，有一片火山岩浆沉积区，这里怪石林立，奇景丛生，人称石塘林。石塘林中的岩石呈赭红色，石上布满小孔，形状千姿百态。高大的仿佛飞来奇峰、宽阔的像一座拱桥、幽深的如仙人洞府；有些活脱脱的虎、豹、熊、罴，有些似武士、美女、老翁、老妪。如天池边一样神奇的是光秃秃没有一丁点土壤的岩石上，从岩缝间生长出挺拔的落叶松和随石就势的爬地松。人们经常说山水盆景就像缩小的大自然，可眼前的景色竟让你感到好似放大的人工盆景，经过能工巧匠的仔细雕琢，每一处每一件都精美异常。

天池西面20多公里的金江沟也有温泉。泉眼虽然不如阿尔山多，也没什么名气，但是三眼高热温泉，水温高达47．7℃，泉水淙淙，常年不息。温泉四周景色颇具天然风姿，山势起伏跌宕，密林幽深。因为人少，更容易体会森林景致的独特风貌。

林间数不清种类的花草竞现着它们的绰约风姿，蘑菇、猴头、蕨菜、木耳等山珍野味其貌不扬，却永远吸引人们的视线。灵芝、党参、柴胡、北沙参等40多种名贵药材也掺杂其间，不起眼的外形掩盖不了高贵身价。山林深处，马鹿、狍子腾跃，野猪、黑熊奔驰，水獭、紫貂出没，其珍贵皮毛闻名于世。素有"兴安四珍"的熊掌、犴鼻、飞龙、猴头驰名中外，鹿茸、鹿角、熊胆、熊脂远近皆知。河边湖畔，各种水鸟遨游嬉戏，运气好还会与珍禽白天鹅、丹顶鹤、兴安鸳鸯相遇。

美丽的自然风光和原始的生态特色令人目不暇接、兴奋不已，恨不得走遍这里的山山水水，把一切印在心里永不磨灭。

黄河女儿乌梁素海

当乌梁素海呈现在眼前时，吸引你目光的绝不仅仅是那浩瀚无际的万顷碧波，还有银色的芦花，装饰着同样漫无边际的苇荡。绿色、银色、黄色交织在一起，在风中波浪起伏。远处葱郁的乌拉山，是一抹淡淡的蓝色，和湛蓝的天空、飘浮的白云一起倒影在如镜的湖面上，那是一幅色泽淡雅的水彩画。不时有水鸟掠过湖面，向空中腾起，为清淡点缀亮色。暮色染红大地，霞光倒影，水天一色。湖水、苇荡随着风影摇曳出点点金黄，耀眼夺目。走近些，再走近些。你

看，那金黄并不相同。湖水的波纹如五彩缀金锦缎，柔和细腻却不失重量。轻柔的芦花在金色中透明，仿佛吹得极薄的玻璃精品，一触即碎。芦苇纤细的枝条和蒲草的翠叶都变得火红，金色的线条镶嵌在边缘，仿佛千万条金针在火中跳动。在周围一片归鸟的欢叫声里，染成浅红的船帆缓缓飘向渔港，乌梁素海为你演绎着“渔舟唱晚”的无限情致。

素有“塞上明珠”之称的乌梁素海，位于巴彦淖尔市乌拉特前旗境内，总面积232.8平方公里，是内蒙古自治区西部最大的淡水湖。乌梁素海的意思是“生长红柳的地方”，它只有100多年的历史。人们说，乌梁素海就像黄河母亲嫁出去的女儿。确实，它本来是黄河的一部分。过去，黄河沿狼山南麓及白云常合山和乌拉山之间的明安川东流，因新构造运动的影响，黄河东流之道被阻塞，在乌梁素海地区形成一个大转弯后南流。后来由于泥沙淤积，河床抬高，乌加河被泥沙淤断，黄河主流就沿今日的黄河河道东流，在乌梁素海地区留下一个很小的河迹湖，其余地区逐渐被垦殖为农田。现在乌梁素海湖底还有沟谷、浅滩与沙丘等河床所具有的特征。1931年以后，随着河套灌溉事业的发展，各大渠道的退水流经乌加河汇入乌梁素海。此间黄河又几次泛滥，水面不断扩大，到1949年已是700多平方公里的大湖了。除了乌加河注入的灌溉退水，乌梁素海还由北岸、西岸的佘太河、哈拉乌素河等八条山谷季节河注入降雨后的山洪。

新中国成立后，疏通了西山嘴退水渠，乌梁素海成为河套排水系统的一个组成部分。1960年湖面积缩小到400多平方公里，湖中出现几十个沙洲。1980年湖面进一步缩小，南北长约40公里，东西宽约10公里，面积与现在仿佛。黄河含沙量虽大，但流经灌区，水缓沙沉，所以泄入湖中的泥沙数量大为减少。湖水透明度较高，只在沿岸地带湖水显得污浊。乌梁素海在成为重要的灌溉枢纽的同时，也成为内蒙古主要水产基地，在鱼类区系上，除几种放养的长江鱼类外，基本上与黄河中上游相同。主要鱼类有鲤鱼、鲫鱼、赤眼鳟、雅罗、鲶鱼、泥鳅等。放养的鱼类有鲢鱼、青鱼、草鱼等。乌梁素海的鲤鱼远

近闻名，鳍尾绯红的金鳞黄河大鲤鱼和银鳞黄河大鲤鱼，肉味鲜美又极具营养价值，曾作为国宴珍馐的制作原料。现在，乌梁素海年平均产鲜鱼500多万公斤。

在湖边和湖中沙洲上，芦苇与蒲草丛生，约占湖水总面积的50%，年产量约3.1万吨（湿重）。这两种植物是工业生产的重要原料，具有很高的经济价值，不仅供应本区，还远运华北、西北、东北各省区。

乌梁素海所在地区历史悠久，在汉武帝时属于五原郡辖地，当时曾筑西安阳、河目、宜梁、城宜等边城。唐代沿边地筑三受降城和其他边城，据考证中受降城北面的横塞城今天就躺在乌梁素海下面。《旧唐书》记载，唐天宝八年，“三月，朔方节度使张齐丘于中受降城北筑横塞城”，是年12月又“改横塞城为天德军”。1976年，在乌梁素海湖畔出土一座唐代墓，从墓碑文中得知，此墓主人王逆修死后

“安葬于军南五里”。向北五里应当就是唐代横塞城，可现在那里是乌梁素海的千顷碧波。当地老人还记得，那里原来有一个村子叫土城子，1933年一场特大洪水淹没了村子，把它变成了乌梁素海的一部分。至今，那里地势仍然较高，一些土丘还露出水面，要知道，那些不起眼的土丘就是唐代古城的遗迹。悠悠岁月中沧海桑田的变迁，给我们留下多少怀想！

东汉史学家班固曾经这样描述当时的朔方郡：“数世不见烟火之警，人民炽盛，牛马布野。”尽管当时朔方郡的西部已经是乌兰布和大沙漠的东缘，景色已与当时大不相同。可东望河套平原，在河渠纵横碧草如织的大地上，秀美娴静的黄河女儿乌梁素海，张开她和母亲黄河一样的博大胸怀，滋养着这片沃土，给这里的人们带来丰饶富足。

乌梁素海南北长50公里，东西宽20公里，湖面上生长着茂盛的

芦苇和蒲草，在浩瀚的湖水中生息着鲫、草、鲢、赤眼等20多种鱼类。这里以盛产黄河大鲤鱼而蜚声内蒙古。每到春、夏、秋三季，锦鳞跳跃，鸟语花香，有130多种珍禽异鸟在这里安家落户，生息繁衍，其中有列入国家重点保护的疣鼻天鹅、大天鹅、斑嘴鹈鹕和琵琶鹭等。

乌梁素海是鸟的世界、鱼的乐园，有近200种鸟类和20多种鱼类繁衍生息，其中国家一、二类保护鸟类12种，中日候鸟协议保护鸟类48种。乌梁素海湖面碧波荡漾，苇丛如诗如画，百鸟啼鸣婉转，令人赏心悦目。乌梁素海旅游区与乌拉山北麓的乌拉特草原融为一体，是集湖泊、草原和乌拉山为一体的综合旅游区，可谓青山、绿草、碧波相映生辉、野趣天成。游人至此，可领略北国的湖光山色，探索珍禽候鸟的活动奥秘，体验乌拉特草原风情，观赏小天池奇观，由海、原、山构造的这一绝妙的自然风景区令旅游者心旷神怡，流连

忘返。乌梁素海婀娜多姿的自然生态及人文景观，正在成为内蒙古西部独具北国水乡特色的旅游胜地。

玲珑剔透的吉兰泰

当你在无尽的黄沙中跋涉太久，你的双眸因单调而疲惫；当你的脸和嘴唇在不停歇的风中干裂，你最渴望什么？这时，当突然面对吉兰泰，你一定会揉揉双眼，以为眼前不过是海市蜃楼。不，你最好在高空鸟瞰，你看到了什么？黄沙漫漫中一环绿色温柔地拥抱着一泓碧波，而这碧波不仅被绿色环绕，还镶嵌着一圈银色。不要以为你在做梦，这就是吉兰泰盐湖。

盐湖最初叫“陶力淖尔”，意为镜子一样明亮的湖，后来改称吉兰泰。“吉兰泰”意为“六十”，关于这个名称的来历一直众说纷纭。有人说因为有六十条水道汇集于湖而得名；有人说这里早年居住着六十户人家；还有人说一位叫吉兰泰的牧民曾在这里放牧；又有人说在清代乾隆年间掌管盐湖的头目叫吉兰泰。可是不管人们怎样说，大家更愿意相信的是一个传说。据说从前有一个牧民，赶着六十峰骆驼驮着芒硝路过这里，夜里驼队停下来休息，一场大雨滂沱而下，驼队正在低洼处，滔滔洪水从四面涌来，六十驮芒硝全部溶化在洪水中。岁月流逝，这洼水就变成了盐湖。这泓清澈湖水西靠连绵的巴彦乌拉山，东依乌兰布和沙漠，距离巴彦浩特约120公里。湖面积75平方公里，形状椭圆。其实这美丽的湖水躺在这里已经很久很久。据地质考察，盐湖矿床为第四纪全新世时期海洋沉积的结果，已有一百多万年的历史。

当你走近它，马上会被另一番景象吸引。湖中，采盐船穿梭往来，湖边巨大的联合采盐机将长长的铁臂伸进湖中，切断盐层，不停吸吮湖盐。盐被吸到机器顶部，经自动洗涤、脱水后，如琼浆玉液倾泻而下，一座座盐山洁白如雪。包装机轰鸣着，自动计量包装，那一袋袋玲珑剔透的吉盐带着盐湖的温馨走向全国各地。

一般的说法是吉兰泰盐湖在清嘉庆年（1818）开始开采，距今已有160多年的开采历史。可是据说，早在乾隆元年（1736）阿拉善第二代王爷阿宝就派人开采湖盐。那时盐湖还不叫吉兰泰。乾隆四十八年（1783）第三代阿拉善王爷罗布森道尔吉同山西、包头等地的商人签署的贸易合同上，开始使用吉兰泰的名称。

吉兰泰所产的盐叫“吉盐”或“大青盐”，因颗粒大、味道浓、杂质少闻名于世。原矿品位平均含氯化钠74%，还含有钾、镁和其他稀有或贵重的化学元素，不仅是质量很高的食盐原料，更是极具价值的化工原料。人们说这是一个永不枯竭的盐池。因为吉兰泰的盐由大量饱和卤自然蒸发结晶而成。阿拉善高原气候干燥，年蒸发量是降雨量的20倍。这样的气候条件有利于盐的结晶，所以湖盐的再生能力很强，一般一米深的盐池三年内就可以长满新盐。吉兰泰盐湖矿床区域为120平方公里，成盐面积60平方公里。据测定，现在盐层的平均厚度为3～4米，最深达5.97米，蕴藏量为1.04亿吨。吉兰泰盐湖成为我国目前开采量最大、机械化程度最高的内陆盐湖，年产量约达70万吨。

登上盐场加工车间的顶楼，别有景致。遥望百里盐湖一平如镜，湖岸洁白盐山堆积，更有自然形成的盐层围绕湖面，如同一串玲珑剔透的钻石项链环在少女光洁的颈上。湖面碧波粼粼，将这一切倒影在湖心。同时倒影在湖中的还有湖边梭梭林那一抹绿意和高远的蓝天、飘浮的白云。

盐湖周围，原来有大片天然梭梭林环护。20世纪60年代后，由于干旱加剧和人们不断砍伐，再加上过度放牧，梭梭林遭到严重破坏。当梭梭林变得稀疏，大风挟着黄沙长驱直入，逼近湖面。流沙每年以0.11平方公里的速度吞噬盐湖。据1983年调查，原有37平方公里的盐矿床已被流沙埋压10.8平方公里。

追思往昔，在有历史记载以前湖水就曾倒影过远古人的身影。先秦时这一带生活着月氏、乌孙人，其后匈奴、回鹘、吐蕃、西夏、蒙古人都曾占据这块地方，自汉起，阿拉善一直是中原各朝代的重要边地。盐池边，不仅曾为边军驻地，也蜿蜒着这个地区通往中原腹地的驿道。夕阳西下，古道西风中，这泓碧波抚慰过多少人悠悠思乡情，消弭了多少人间隔膜，融会过多少风土人情。

再往前追溯，几千万年前，这里是恐龙的乐园。在盐池北部边缘，露出中生代时期的地层沉积物，古生物学家多次考察，发现了大量白垩纪恐龙化石。更令人惊奇的是在这里发现了三窝恐龙蛋化石，个体很大，呈圆形，蛋壳气道孔宛如蜂窝。这种恐龙蛋在国内首次发现，被命名为“吉兰泰蜂窝蛋”。

吉兰泰交映着蓝白两色，湖水清澈，盐层雪白，玲珑剔透，永远闪烁着钻石般的光泽造福人类。

神泉碧水是岱海

阴山余脉蛮汉山下一片平川绿色如织。绿色中镶嵌着一片银色，风起浪涌，碧波拍岸。岸边芦苇葱茏，银色的花絮随风曼舞。沐浴着习习凉风，面对着秀丽风光，你会疑惑究竟身在何处。这就是凉城岱海，内蒙古中部最大的内陆淡水湖。湖水面积160平方公里，蓄水量达160多万立方米。

岱海，《山海经》中称“天池”，汉代叫“诸闻泽”，北魏叫做“参合陂”，辽称“奄遏下水”，金元更名“昂阿下水”，明称“威宁海”，清初始称岱海，意为像大海一样的湖泊。这里一直流传着这样一个故事：古时候一个蒙古族牧民常到湖边放牧。一天，他赶着羊群在湖边饮水，突然狂风骤起，一匹白马如闪电般从天而降，一口就吸干了整个湖水。白马饮罢水，昂首长嘶，从它露出的牙齿牧人看清是一匹二岁神驹。于是给湖起了个名字叫岱嘎淖尔——二岁马驹

子湖。年长日久，人们简称它为岱海，一直沿袭至今。

清人王瑞奄的《北海腾蛟》描述岱海："破浪翻涛大海中，蛟龙吞吐气如虹。昂首易撼波心月，掉尾能生水面风。更有山峦排左右，尽多云雾绕西东。知君不是寻常物，直与鲲鱼变化同。"确实，岱海四面环山却遮不住风高云疾，碧水带着大漠的粗犷，风中巨浪变幻，惊心动魄。

夏季，微风吹拂，碧波荡漾，环绕四周的山景倒映在如镜的湖水里，天空山水浑然一色。空气湿润，温度宜人，岱海仿佛江南般秀丽。据说当年康熙西征停留此地，被这里的景色深深吸引，更不能忘怀的是湖畔的温泉和水中鲜美的鲤鱼。

湖北岸的水塘村有一处温泉，原名"马刨泉"。因为南临岱海，也称岱海温泉。这泓温泉四季常温，即使数九寒天泉水也不会结冰。在呼啸而过的北风里，漫天飘落的大雪中，那氤氲的水汽蒸腾而上，成为大漠中一道奇特风景。而且这泉水天越冷水蒸气越大，水温显得越高，伸手进去竟微微发烫。人们称它天赐神水、塞外宝泉。

据说这"马刨泉"的名称和康熙有关。康熙巡视塞外，来到凉城县岱海时，正值炎炎夏季。烈日当头，骄阳似火，大队人马疲惫不堪、饥渴难耐。环顾四周，无水解渴。突然，康熙的坐骑一声长嘶，前蹄腾空而起，用尽气力猛刨地面。一瞬间，一股清泉顺马蹄扬起之势涌出，汪成一片池塘。因此这泉水称作“马刨泉”。

如果依据另一个传说，“马刨泉”的历史就更加悠久。传说元世祖忽必烈在岱海北岸发生的一次征战中陷落深坑，只见平地忽然涌出泉水溢过他的头部。部众看不见他，以为被水淹死，一时哭声震天。正在这时，元世祖浑身热气湿淋淋地冒上来了。他含笑说：“我今天踏脚成泉，热乎乎洗浴，你们不喜也罢，为何哭我早死？”元世祖人在马上，所以也是马踏成泉。

根据史料记载，“马刨泉”在清代已经很有名。每年春秋之际，大批喇嘛及蒙古王公贵族常来此沐浴，治疗疾病。

岱海周围有步量河、弓坝河等24条大小河流注入，良好的气候和水质适于多种鱼类生存繁殖。可是康熙吃鱼不过是传说，过去这里是渔业空白湖。1953年开始，在岱海放养鲫鱼、鲤鱼，当年就取得成功。1956年成立了岱海养殖场，正式大规模地放养草鱼、鲢鱼、鲫鱼

等鱼类。1960年改建岱海养殖场为岱海渔场，岱海列为内蒙古自治区著名的渔业基地。现在生存于岱海的鱼类共计27种，分属3目6科。有鲤鱼、鲫鱼、鲢鱼、鳙鱼、草鱼、青鱼、黄颡鱼、鳜鱼，还有泥鳅、后鳍巴鳅，中华刺鳅。每年捕鱼量达400吨左右，平均每只鱼重1公斤以上，最大的可达20多公斤。近年来，又引入了世界名贵鱼种大银鱼、小银鱼、虹鳟鱼等。每逢收获季节，广阔的岱海湖面上机船隆隆，白帆点点，各种鱼类在网里舱里跳跃，五色缤纷流光溢彩。

大概康熙真的来过这里，岱海似乎与康熙结下不解之缘。据说康熙西巡回到京城后，对岱海难以忘怀，于是下令在这里修建中京。岱海边三元村的古建筑遗址，据说就是这道命令的结果。遗址大概是庙宇群。一种传说，康熙派儿子前来，儿子怕苦，修成庙宇和宫殿后，就跑回京城，使中京的建设半途而废。另一个故事曲折跌宕，在百姓中流传很广，康熙派儿子来，中京城没建成，康熙与儿子间产生了许多恩怨，为了怀念被自己处死的儿子，就修成了庙。这个传说不仅解释了三元村遗址的来历，还把山西大同佛字滩、岱海马刨泉、凉城名

称的来历都编进了故事。

其实，岱海边更古老的不是与康熙有关的一切，而是在20世纪80年代陆续挖掘出土的新石器时代人类聚落遗址。岱海北岸的老虎山遗址、园子沟遗址都属于距今5000多年的龙山文化早期的人类聚落遗址，南岸王母山遗址属于仰韶文化晚期。也许当那些远古人望着碧蓝的湖水时，袅袅升腾的温泉热气就已经成为他们生活里重要而神圣的一部分。

1989年5月，内蒙古自治区地质勘探部门经详细勘察，在“马刨泉”附近开钻引泉，1990年10月新泉竣工。碗口粗的泉水带着热气从井口自然喷射而出，蔚为壮观。昔日的马刨泉虽然枯竭，但新泉出水量大增，水温提高，疗疾治病功能明显增强。根据测定，泉水常温达38℃，日出水量达2700多吨，是内蒙古罕见的热水资源。泉水中含有锶、锂、锌、硒等多种微量元素以及一定量的偏硅酸和微量放射元素，可治疗白癜风、牛皮癣、疱疥、静脉曲张、皮肤过敏、皮肤干裂等各种皮肤疾病，同时对风湿性腰腿疼痛、胃病等也有辅助疗效。它的开发利用前景十分广阔，除能供人们医用外，还能提供有用化学元

素和化合物，可应用到工业、文化、体育等方面，更可广泛应用到农业方面，如建设地热温室、育种育秧、种植蔬菜、培育菌种、孵化家禽、养殖暖水域鱼类和水生植物等。

随着岱海温泉浴疗中心和与此配套的岱海旅游基地建设项目的竣工，这里将成为更加引人注目、令人神往的浴疗和游览胜地。

河——草原上的金腰带

HECAOYUANSHANGDEJINYAODAI

在你水面闪烁的光明
在你胸怀起伏的神秘
那使你波浪疯狂的音乐
和你浪花上跳跃的舞蹈
对我已够满足了

黄河难舍大漠情深

黄河自发源地流经青海、甘肃到宁夏的石嘴山后，向北流入内蒙古境内。这段黄河呈“几”字形，深情地环抱着鄂尔多斯高原，在北岸形成了著名的河套。黄河对内蒙古草原似乎格外眷顾：它奔腾而来，呼啸而走，惟在内蒙古境内却缠绵流连。

石嘴山附近贺兰山、桌子山对峙于黄河两岸。河宽由3600米急缩为105米，河水受束，河道滩坎众多，水流湍急。黄河在这里显示着河流中游应有的态势。向北过河拐子以后，地势渐低，河身展开。这一段河岸是土质阶地，河道没有分支，虽然有沙洲，但都比较固定。磴口以下，东岸为陡峻崖壁，西岸是起伏的沙丘，流沙不断向东进逼，倾泻入河，河水更加浑浊，河床也被迫东移。自此，黄河转向东流而进入河套平原。在这里，黄河显现的是河流下游的形态，谷坡平缓，水流缓慢。此时河身又增宽达三公里，沙洲、河道分支众多，水涨时支流连成一片，难辨主流。这段黄河南北摆动，形成许多河湾和“死河筒”?穴即牛轭湖?雪。“九曲黄河十八湾”，黄河在这里水套水，湾连湾，究竟有多少道湾，谁也数不清。

河套平原引黄灌溉的历史可谓悠久，黄河北岸渠道纵横，灌溉着河套的百万亩良田。其中较著名的有永济渠、复兴渠、黄济渠、杨家渠、义和渠、塔布渠、合济渠、乌拉河、长济渠等十条渠道，条条渠道都与黄河相通，当然这已是过去的事了。自1960年修建了三盛公水利枢纽以后，渠道进行了改建，现在这十条渠道已不再直通黄河。

三盛公水利枢纽工程始建于1959年，坐落在磴口县境内的总干渠的入口处。拦河闸全长300多米，巍然屹立在波涛滚滚的黄河上。闸上腾波鼓浪，回旋喷雪，波涛轰鸣之声如九天惊雷。真有“黄河西来决昆仑，咆哮万里触龙门”的威势。黄河河水在闸下，大部分流经18孔闸门奔泻而去。另一部分以每500立方米每秒的流量，经由九孔进水闸，进入黄河北岸的总干渠。三盛公黄河枢纽工程有效控制了黄河入水流量，然后，通过干渠、支渠、毛渠，缓缓伸进河套平原。1960年还开挖了全长180多公里的总干渠，使黄灌区总面积扩大到13000多平方公里，1975年完成了总排干沟工程，结束了有灌无排的历史。

黄河滋养灌溉下的河套平原是内蒙古乃至全国著名的粮仓。人说“万里黄河惟富一套”，可耕面积60多万公顷，耕地近30多万公顷，森林约175万公顷。这里盛产小麦、玉米、高粱、大豆、甜菜、西瓜、蜜瓜、油葵、苹果梨，酒花、枸杞等土特产驰名全国。当大地在春风里苏醒，河套平原渐渐变绿，之后像是有谁挥动画笔不断地在这片绿色上增添色彩。果花开了，雪白和粉红的花朵绽开笑脸；杨柳飞絮，如同漫天雪花飘落；渠边湖岸芦花蒲草银浪翻卷；万顷良田五彩争艳：菜花、向日葵金色璀璨，荞麦花粉得朦胧，高粱红得深沉。小麦万里碧浪由绿转黄，果树结果了，红的、绿的、黄的、紫的，滴里嘟噜挂满枝头；瓜菜成熟了，空气溢满清香，带着缕缕甜意。

黄河缓缓流淌着，她依依不舍这片奉献如此丰厚回报的土地。

接着，她流进了土默川。这段路并不长，可是土默川的热情像河套一样。当黄河水流进那黑色的土地，土地马上热烈响应。而黄河再次回报了美景、丰收和欢笑。

而她始终拥抱着的鄂尔多斯高原，何尝不感激它的滋润。黄河沿岸有鄂尔多斯的“水果之乡”和米粮川。春日，准格尔山区的沟岔坡洼，果花如彩色云烟。夏天，你就可以尝到酸甜的杏李；秋天，更是一片姹紫嫣红：紫红色的海红果挂满枝头，鲜桃绿里透红的柔嫩果皮包容着充盈甜汁，苹果红枣一片火红，沙果金黄，葡萄晶莹。大自然还在这里的山区留下鄂尔多斯仅有的一片原始次森林（神山次生林）和一个植物园（阿贵庙）。享有899岁高龄的油松耸立在黄河岸边的山上。

黄河与两岸大地两情依依，共同造福两岸勤劳善良的人民。她不仅给内蒙古带来了灌溉之利，而且还提供了航运发电和渔业之便。自中卫到河口镇，长964公里的河道可以通航，交通运输极大的便利促进了西北经济的发展和繁荣。著名的黄河鲤鱼在河里欢跃，也留在内蒙古的湖泊水库河道里，丰富了这里的水产。

可是，不论她如何留恋，还是要东奔大海。她上路了。当她叩开龙门流向晋陕山峦时，再次恢复了奔腾咆哮的风貌。从十二连城起，黄河就受到南北两岸高原、沙带和山地的挟持，不得不聚拢水头，依势而流。在喇嘛湾入山，改向南流。两岸山势陡峭，河道急剧回旋，形成著名的“黄河小三峡”。

这段黄河穿行在峡谷深涧中，两岸是寒武纪白云岩和石灰岩的山峰。从拐上到龙口不足百里，河道落差竟有120米。河水流到下城湾下面的阎王鼻子，来了个180度大转弯，河道更窄，翻滚的黄色巨浪拍打石岸，涛声震天。这是黄河“第一峡”。向下十几公里是老牛湾，河水几乎是360度的大转弯，绕了两公里，几乎又回到原处，直线距离才600米，落差却达10米以上。河床仅半里宽，河水奔腾喧嚣，万谷轰鸣，便是黄河“第二峡”。往下15多公里到龙口，沿岸石壁如刀裁，夹河矗立，最高处200多米。仰天而望，蓝天一线，石峰遮蔽了阳光，峡谷幽暗。河水在幽谷里沸腾、咆哮，企图挣脱山的羁绊近乎疯狂。山沉默着，但锁紧河水的决心丝毫不改。面对这千万年惊心动魄的拼争，你震惊，你感慨，你甚至恐惧。这就是黄河“第三峡”。

黄河“三峡” 年平均水流量200多立方米每秒，蕴藏着巨大的水力资源。专家、工程师们正在勘察设计龙口水电站。据测算，这里可修建一座坝高100多米，蓄水20多亿立方米每秒，装机100多万千瓦的水电站。黄河“三峡”将举世瞩目。

龙口向下奔涌的黄水使人想起李白的诗句“黄河之水天上来”。这湍急的河水忽然被释放，在大地上冲刷出无数的孤岛险滩。其中太子滩和娘娘滩最为著名。这两个石碛的名称来自一个悲伤的故事。相传西汉初年，吕后把刘邦的妃子薄姬（汉孝文帝刘恒母）流放到这里的黄河孤岛上。代王刘恒从小孝敬母亲，但对她悲惨的处境无法相助。可当他看到黄河之水从龙口倾泻而下有淹没孤岛的危险时，毅然在大船上装满巨石，逆流而上希望堵龙口截断黄河。不料大船搁浅，不能前进，最终化作今天的太子滩。从龙口往下看，太子滩很像翘首破浪而上的大船。它上游的沙洲就被称为娘娘滩，上面有薄姬娘娘庙，庙里存有历代碑石。

就是这样一条神奇的河流，入冬时节，满河冰凌密匝匝顺流而下。大风过后气温骤降，一夜之间，冰水骤然凝结，恰如毛泽东诗句的描述，“大河上下，顿失滔滔”。冰雪覆盖的黄河如一条玉带安静地蜿蜒在平原峡谷。你相信它会如此娴静吗？站在凝固的冰河上，你会感到冰下涌动的激情，所以就有了开河时的惊心动魄。

冬至春来，春风吹拂，阳光融融，冰面上化出数不清的小坑，冰层内穿出一道道细小的管，消融的冰水顺着细管一滴滴渗下去，汇入冰层下的水流。河面上到处是“嘎巴、嘎巴”冰层爆裂的声音。此时，冰层很厚，但已经变软。清明以后，说不定哪一天，说不定哪个时辰，冰河骤然溃散，一散便是几公里乃至几十公里。冰块大的如打谷场，小的也有磨盘大，在河道上你推我拥，争先恐后地往前闯，恰似万匹玉色骏马狂奔而来。没有谁能阻挡它们，即使是钢浇铁铸，刹那间也会粉身碎骨。有时，在湾道狭窄处，密集的冰块簇成堆，很快形成一道坚固的冰坝。河水壅塞，漫过两岸堤坝，淹毁农田、房舍，顷刻间一片汪洋。一旦冰坝形成，往往需要求助于空军的轰炸机、炮兵的重型大炮。两三架轰炸机轮番投下几十枚炸弹，才能把冰坝摧垮。这样的情况，新中国成立以来，差不多每年开河时节都要遇上一两次。

漂浮的冰块不会流进大海。它们或者在漂流中化掉，或者被推到岸上。遇到回水湾道，冰块一排排扑上岸，在岸边玩起“垒积木”的游戏。当一阵嬉戏的喧嚣平息后，白色的冰凌镶嵌在河岸上。日复一日，温暖的阳光将它们融化，涓涓细流无声地渗入泥土……

于是，黄河再次亲吻大漠热土，开始了她与草原热恋的历程。

黑河平川银带双舞

“敕勒川，阴山下，天似穹庐笼盖四野，天苍苍，野茫茫，风吹草低见牛羊。”古人笔下的土默川苍劲辽远，水草丰美，一派牧野景象。那时候，大小黑河就不倦地滋养这一方水土，两岸绿色被河水染得浓郁。今天的土默川，良田果园密布，丰饶富庶，人畜兴旺。大小黑河如银色的飘带在一马平川的土默特大地环绕、伸展，飘向黄河。

大小黑河据说在秦代以前就已经形成河流，但其名无考。到汉代后期才定名为“荒干水”。其后，郦道元在《水经注》中这样记载：“芒干水出塞外，南通‘钟山’……其水西南经‘武泉县’又南经‘阳原县’故城西，与武泉水合。”武泉水“其水出‘武泉县’之故城西南，迳‘北舆县’故城南入‘芒干水’。”芒干水就是大黑

河，小黑河叫做武泉水。这里提到的当时黑河流域的阳原、武泉、北舆诸县，以及武泉、北舆两个古城，据考证，武泉在今呼和浩特市东北的保合少，阳原应在今呼和浩特市东南的大黑河南岸。而北舆县即今呼和浩特市。文中提到的钟山，就是大青山向南伸延的支脉蛮汉山。

熟悉昭君故事的人大概也听说过青冢。昭君墓白云黑水环绕，在大漠长风和萧萧马鸣中四季常青。黑水就是大黑河。黑水青冢早已成为这朔方大漠中的著名景观，在历代文人骚客笔下流泻出无限情思。野马般的大黑河，在昭君美丽双眸的注视下，在她弹奏的琵琶曲的哀怨中，竟演绎出如泣如诉的凄婉、幽怨和温良。

大黑河的蒙古语名称是“伊克图尔根”，小黑河称“巴哈图尔根”，意思是大小激流河。它们有许多名称，隋唐称，“蒙水”、“金水”、“黑河水”，辽以后称，“黑水”、“黑河”，是沿用北语“哈拉乌素”的意译，清以后称，“伊克图尔根”、“巴哈图尔根”，民国以后又恢复了明以前的称谓。然而，激流河是对它们最准

确的描述。这两条河是季节河，每到雨季，它们汇集股股清洌山泉，变得激动、狂放，涛声喧闹。如果遇到暴雨，它们就成了脱缰野马，狂奔下山，危害一方。

大黑河主要有三个源头，都在乌兰察布市境内。东源头由卓资县汇集山涧细流，容纳沿途泉水，拥抱沟谷小河蜿蜒西下；北源头在察右中旗酝酿，汇成卜利苦吉儿河流向西南，在旗下营与东源头汇合；南源头来自卓资县大榆树沟和凉城蛮汉山的河水。三股源头水汇流后，走出山的怀抱流向宽广的土默川。

小黑河主要有两个源头。其一发源于武川县，经哈拉沁流出大青山，其二发源于呼和浩特市郊区西把栅乡大仓库伦附近下湿滩的泉水，两流汇合后在浑津桥注入小黑河。

小黑河全长93公里，主要支流有乌素图沟、坝口子沟、水磨沟三条季节性河流。大黑河全长225.5公里，流域面积15911平方公里。这条季节河汛期集中在七、八、九三个月，最大洪峰流量2190立方米每秒，最小洪峰200立方米每秒。

历史上的这条河，常常飞扬着白沫，裹挟着泥沙狂泻而下，淹没良田，冲垮房屋，不断地改变河道，人们就不停地驯服它。这场较量延续了上百年。今天，这匹狂野的烈马已经被人们驯服，变害为利，浇灌着良田万顷，滋养着数十万蒙汉人民，成为土默川平原不可缺少的水利资源和

农牧业生产的重要命脉。那明亮的河水欢快地流淌着，温柔地抚摸着土默川大地，白云黑水不再荒凉、幽怨。昭君在这秀丽的土地上找到了归宿，也给我们留下了亘古不灭的文化。

自治区首府呼和浩特就坐落在黑河北岸，如今它乘着浩浩黑河水，带着沿河两岸的城镇，奔向现代化。土默川的肥田沃土在黑河水滋养下为内蒙古贡献着丰富的农产；两岸如茵绿野成为乳业原料基地，黑白花牛饮着黑河水为人们奉上洁白的乳汁；黑河故道上建成的人工湖泊，鱼翔鸟鸣，一派江南景象。

远古“大窑文化”时代的先民就更不敢辨认这块土地了吧？他们在土默川东部保合少、乃莫板的丘陵地带，刀耕火种，繁衍生息。黑河水曾带给他们多少欢欣和多少苦恼？

曾在归化城驻跸十余日的康熙也会大大感慨吧？他曾三次率军亲征噶尔丹。在第二次征战中，大军兵分两路，北路大军经张家口北上至正镶红旗（今卓资山东15公里）后，就一直沿着“伊克图尔

根”河到达归化城。那时河上没桥，大军渡河也曾给康熙带来无限烦恼和遗憾。

大小黑河上最早的桥是国民党35军为方便作战而建。在大小黑河上各建一座小桥。据说这是新中国成立前大小黑河上惟一的桥。如今，黑河上桥梁林立，黑河如带在桥下穿行。桥像镶在这玉带上的宝石，使黑河更加美丽。

向南遥望，黄河欣喜地拥抱着这条日渐美丽的支流，带着它一起奔向了东海。

九曲碧水锡林河

锡林浩特南13公里处有一片山坡，山坡上一块巨石矗立，上书“九曲湾”。向下看，广袤无垠的绿野上，一条闪光的素练弯弯曲曲伸向远方，星星点点的牛羊撒在九曲连环之中，仿佛柔纱缀满了五彩宝石，远处的毡房炊烟袅袅，如诗如画。你疑惑这梦幻般的景色是在人间还是仙境？走近些，碧波在阳光下闪烁，芦苇在风中歌唱，野花在绿草陪伴下散发着醉人的芬芳，湿润柔和地包容了你，令你如醉如痴。这就是锡林河，大草原上的母亲河。

有关锡林九曲的故事，当地还流传着一段美丽的传说。相传，成吉思汗与妻子孛儿贴，南下攻金时，有一天来到了锡林草原上的一条小河。但见河水清澈见底，鸟儿盘旋，绿草如茵，牛羊珍珠般撒满河的两岸，恰似一幅美丽雅静的草原风景画。成吉思汗与孛儿贴感叹不已，激情涌动，于是就放马在此驰骋。突然，孛儿贴的围巾轻轻地飘落在草地上。但他俩兴致所在，全然不觉。待到他俩发现时，回头眺望，围巾已曲曲折折地飘落在锡林河上，并将锡林河变成了九十九道弯。成吉思汗不由得感慨万千，他对妻子孛儿贴说：“此处神工造化，碧水蓝天，日后必为繁盛之地。我真喜欢这个美丽的地方，特别是这条弯弯曲曲的小河。征战结束后，我想和你在这里颐养天年。”

锡林河又称锡林郭勒河，是锡林郭勒草原上的内流河。它纵贯锡林郭勒大草原的中部，全长205公里。上游从东向西，流经丘陵地带，河谷宽约1公里，中下游河水向北折流，河谷宽2～5公里，形成河间盆地，间或有沼泽，最后注入白音淖尔湖。

锡林河发源于赤峰市克什克腾旗西北部草原中的敖伦淖尔（敖兰诺尔）。敖伦淖尔是大小12个湖泊的总称，大湖五六亩，小湖一二亩。湖间相隔一二里，四周是沼泽。十几个湖在方圆十几公里中线状分布，像一串珍珠滚落，汇成银色珠链锡林河。

敖伦淖尔和锡林河源头是动物的天堂。水里鱼儿遨游，水面上鸟类嬉戏，湖边奔跑着狍子、黄羊。这里又称得上植物园，岸边生长着茂密的杨柳，草滩上遍布着蘑菇、黄芪，沙丘上矗立着杉、松、桦树，旁边依偎着野李、山楂。

整个湖区水草丰美，气候宜人，四季都是放牧的绝好场地。

从金到元，湖区一带是蒙古弘吉剌氏族聚居地。《蒙古秘史》记载：成吉思汗的岳父特薛禅是这个部落的酋长，他把女儿孛儿贴嫁给铁木真。铁木真尊为大汗后，孛儿贴成为皇后。这个部落前后共出过18位皇后。元朝皇帝也把11位公主嫁到这里。这个部落因为曾有过这样的辉煌而显赫。

湖区还一直是兵家必争之地。金朝著名的“金边堡”（金界壕）从湖区穿过，至今留有遗迹。当年林丹汗征讨科尔沁部途经这里，正值盛夏，瘟疫突发，将士多因病而死。据说湖群南岸的“翁根”（陵墓）山埋葬着林丹汗的遗骨。康熙的大军与噶尔丹决战乌兰布通，清军就是因为陷于敖兰诺尔的沼泽中，被迫放弃对噶尔丹的追击，使噶尔丹得以逃回故乡。

锡林河从这样一个神奇的地方出发，由东向西流入锡林郭勒草原。整个流域面积达6000平方公里，锡林郭勒草原因河水的滋润而丰饶富庶。

近代因为利益争夺，克什克腾旗札萨克（旗长）曾与阿巴嘎旗王爷发生冲突，并堵截河水，使下游畜群饮水断绝。阿巴嘎旗王爷无奈，只好与克什克腾旗札萨克签订协议，每年送250头二岁牛犊给克什克腾旗。交接牛犊的地方在克什克腾旗一个河口，此后那条河就叫碧流河（二岁牛犊河），河边的经棚镇叫碧流浩特。这样的截流事件后来还发生过，可见这河水对于锡林郭勒草原是多么重要。

悠悠岁月，草原气候和地貌发生着巨变，也在锡林河上留下了深深烙印——曾经水量充沛的锡林河冲刷出开阔的河漫滩和阶地。由于历年水量枯丰不同，河水在河道里左奔右突，形成无数美妙的河曲，九曲湾当数最美。

从九曲湾南望，有一片平坦的坡岗。这片坡岗东西走向，约7公里长，40余座山峰簇拥在一起，座座山顶平如刀削，神秘而怪异。传说当年成吉思汗南下征金，来到此地，大军被蜿蜒起伏的群山阻隔，久战不胜。成吉思汗著名的八骏也迷失在山中。成吉思汗勃然大怒，挥动宝刀劈向山峰。一道金光闪过，巨响如晴天霹雳，所有山峰都被拦腰劈断，山尖纷纷滚落，只留下平坦的山顶。

其实，这平顶山是一二百万年前火山爆发后的遗迹。那时这里是火山频发区，火山一次次喷发，熔岩四溢，层层凝结后形成了如此奇特的山峰。平顶山的沟壑里丛林茂密绿草茸茸，坡上散布着白色的毡包和成群的牛羊。

夕阳西下，九曲锡林河金光闪烁，就像火热沸腾的熔岩在暮色苍茫的草原上画出盘旋环绕的金色曲线，座座毡包上腾起的炊烟好似熔岩散发的热气。落日给平顶山圆锥形的山体镶嵌上一条条金边，群山沉默而柔和，仿佛一群金色的骆驼安静地卧在无际的原野上，又好像几十个巨人在向夕阳顶礼膜拜。

锡林河流过锡林浩特，继续向北奔涌。在锡林浩特北面20公里处，有一片被茂密的芨芨草掩隐的沼泽地。奔涌着的锡林河无声无息消失在这里，仿佛在和人们捉迷藏。你迷惑，你惊奇，这神奇的锡林河究竟去向何方？你感慨，你赞叹，这美丽的草原到底有多少惊喜？我可以告诉你，这驰名中外的大草原呵，处处都是美景奇观。

西拉木伦银色丰羽

西拉木伦河欢快地穿行在绿色原野和秀美山川中，和其他辽河支流编织出一张银光闪烁的水网，温柔地笼罩着整个流域。河水清澈碧蓝，两岸无边的绿色里各色鲜花如繁星洒落。河上缭绕的水汽如烟如雾，挟着花草的馨香飘向远方。

西拉木伦河发源于赤峰市克什克腾旗东南的百尔贺赫尔洪，这里是大兴安岭余脉北麓的高原山地，在古代千里松林（平地松林）的西南。《辽史》记载："潢水源"附近有"频跸淀"，地势平坦低洼，树木葱郁，风景秀丽，是辽帝和大臣们游兴之所。潢源的水深邃而清澈，久旱不会干涸。汩汩泉水从彩色石滩上流出，在空旷的谷地里，仿佛回荡着清越的琴声。苍翠的松树和茂密的绿草环护着泉水，各种珍禽在林间飞翔，在水中嬉戏，在草地上漫步。潢源流经处松柏夹岸，浓荫蔽天，清凉的泉水流成了小河，流出大山汇纳百川奔涌成一条大河。经克什克腾旗、林西县、翁牛特旗、巴林右旗和阿鲁克尔沁旗，流程387公里，在翁牛特东部大兴以东注入西辽河。西拉木伦支流纵横，一级支流有九条，支流的支流数不胜数，流域面积2.79万平方公里。主要支流查干木伦蜿蜒北来，汇纳了阿尔山高勒等12条大小河流，层层跌下415米，跨越191公里，投入西拉木伦的怀抱。其它如萨冷河、碧流河、白岔河、苇塘河、少郎河等分别从南北注入，如同一片完美的银色羽毛从天际飞落原野，给草原带来丰饶和秀丽。

西拉木伦汉语意思是黄江，见诸汉文史籍已有2000多年。西汉时称为"作乐水"，东汉时称为"饶乐水"，当时这里居住着鲜卑人。《魏书》称"洛环水"、"弱洛水"。西拉木伦又称为吐护真水，托纥臣水、滥真水、辽水、大潦水、句骊河、枸柳河、巨流河等。这些名字有的是根据译音转写，有的是习惯称呼。史书载，"契丹居绕乐水之北，奚（库莫奚）居绕乐水之南"。唐中后期称为"潢水"。《新唐书·地理志》云："营州北四百里至潢水。"营州就是今辽宁省朝阳市，汉为柳城，唐为营州。沈括于宋熙宁八年（1075）出使辽国后，在他的《熙宁使虏图抄》中对潢水作过一番考证："河广数百步，今其流广度数丈而已，狄人言此为大河之别流也……以臣考之，乃古之潢水是也。"潢水的名称一直延续到明代，清代后采用蒙古语称西拉木伦。

西拉木伦河是辽河的主要支流。《山海经》中记载，“潦水”即辽河。《吕氏春秋·有始览》、《淮南子·地形训》中，都把“潦水”列为中国六大川之一。北魏郦道元《水经注·大辽水》篇中云：“辽水，亦言出砥石山，自塞外东流，直辽东之望平县西……屈而南流，迳襄平县故城西，又南迳辽队县故城西，西南至安市，入于海。”砥石山即西拉木伦河发源地白岔山，簪平县即今辽阳市北，辽队县在海城县西30公里处，安市在今盖县东北。滚滚西拉木伦由西而东，曲而向南，与老哈河、郎河、太子河、新开河、东辽河、柳河等河流汇集进入渤海，构成横跨内蒙古高原东部、东北平原西部的辽河流域和水系。

在这片丰满美丽的羽毛间，是绿色的群山和广袤的牧场，阡陌整齐的农田和炊烟袅袅的村庄。沿着河流到处是美不胜收的自然风光，令人称奇的人文景观。

源头是举世闻名的“乌兰布通”古战场。当年康熙亲率大军与噶尔丹在此决战，西拉木伦河及其支流、湖泊曾被噶尔丹作为拒敌和撤退的屏障。据说当年两军炮火齐发，浓烟冲天，震天动地。山为之战栗，水为之停留，草木为之动容。如今，河水拍岸，松涛汹涌，阵阵轰鸣仿佛为你重现当年的鏖战。

距此50公里，是克什克腾响水。汹涌的西拉木伦在两山对峙中奔流，河道狭窄，乱石铺底，激流不断地击打石面，飞沫四溅，像风卷雪落。水声如雷，在河谷中轰鸣。抬头望去，却见峭壁岩石五彩缤纷，野生梨树、杏树和葡萄杂生其上，绿色的枝条在风中摆动。春日绿叶衬托着繁花似锦，秋天黄叶捧出硕果累累。强悍和柔美在这里构成和谐的图画。

黄梁岗层林密布，河岔纵横。贡格尔河、木石匣河、吉林河、碧流河都发源于此。你一步跨越一条小溪，它浅浅的、细细的，你想到了吗，这是银色羽毛透明纤细的颖尖呐。向东不远是著名的赤峰三大温泉之一的克什克腾温泉。前清曾建荟祥寺，打方井供人沐浴。西藏班禅额尔德尼活佛曾来此“坐汤”。

赛汗罕乌拉东麓是查干木伦的发源地，山顶方圆十数里平川，草深没膝，可以放马疾奔。中间有天池，干旱不涸，水涝不溢。西麓有比图六味神泉，泉池方圆15米，内有6个泉眼，喷涌出的水分苦、辣、酸、甜、涩、咸六味，世人称奇。

河流中游，有著名的潢水石桥。辽代就已经伫立河上，成为沟通辽中京与上京的交通要冲。这座桥被认为是关外建造最早的桥，位置大约在清代重建的普度桥（巴林石桥）附近。1908年日本人鸟居龙藏路过时曾见到桥岸立有契丹文的石碑。

河北岸是巴林草原，南岸是海力苏草原，都以水草丰美，景色如画著称。

西拉木伦河流域是北方古文化的发源地之一，古代文明的遗迹随处可见。

海金山北岸有著名的“红山文化”遗址，你走近那星罗棋布的村落，窥探那些幽暗的半洞穴房屋，抚摸光滑的石制工具，还有精美绝伦的陶器和玉器，不禁对5000多年前先民创造出璀璨的文明赞叹不已。

一个深藏在群山中的小村落，朴实的村民世世代代生活在这山光水色中，却永远看不够眼前的美景。那每天面对的老虎洞崖下面，一个深10米，宽6米的半圆洞穴掩映在茂密树林中。洞内斑驳的岩壁上，有很多光滑平整的痕迹，那是远古人长期居住留下的印记。在洞口附近，发现了8000年前旧石器时代用于狩猎的石制工具和肿骨鹿化石，这就是位于翁牛特旗北部的上窑旧石器文化遗址。

林西县境内的大井子古铜矿距今2700～3000年，是迄今国内发现的最早一处具有大规模探矿、冶炼、铸造全工序的古铜矿遗址。它与西拉木伦河与老哈河流域大量出土的精美铜器密切相关，展示了古代北方灿烂的青铜文化及其高超的冶炼技术。

其他陆续出土的不同时代的文物，昭示着西拉木伦河流域的文明发展史，也讲述了各民族融合汇集的古老故事。这里前后生活过东胡、鲜卑、乌桓、契丹、库莫奚、蒙古各民族，这些民族又同中原的汉族，远至中亚各民族相互交往，推进了北方文明的发展。

那些数不清的古城、陵墓和寺庙都默默记录着曾经发生的故事，展示着历代文化留下的宝贵遗产。

这条孕育了古代文明的河流今天仍在为人们造福。

整个流域有许多湖泊和水库，形成数不清的灌区，最著名的是在西拉木伦河下游的海力苏枢纽。水利设施将汩汩清泉送进农田和草原，湿润的水汽使大地绿色浓郁，沿河两岸人畜兴旺。奔涌的西拉木伦河水为潢水电站输送动力，昭乌达夜色更加璀璨。西拉木伦河流域的河流湖泊为这里的人民提供丰富的水产，各色鱼虾和芦苇蒲草。近年来，人们又引进了许多珍贵鱼种，西拉木伦河更加欢腾。随着自然保护意识的增强，这片古代森林蔽日、水草丰美、温度湿度适宜的土地逐渐恢复往日的风采。西拉木伦河增添了新的活力，像舒展着异常美丽的银色丰羽在这广袤富饶的昭乌达大地上翩跹曼舞，它预示着更加吉祥美好的明天。

老哈河塞北名川

老哈河是西辽河的重要支流。发源于宁城县黑里河上游山谷，与河北省平泉县、承德县山区发源的十几条支流在黑城一带汇合，由西南逶迤东北流，在大兴马地堡以东与西拉木伦河汇合，注入西辽河。老哈河全长426公里，支流密布，流域宽广，其支流黑里河、坤兑河、锡伯河、召苏河、英金河、羊肠子河与老哈河一样属于塞北名川，在千余年前就载入史册。《魏书•鲜卑传》记载老哈河2000多年前称，“乌侯秦水”；《隋书》中称，“托纥臣水”；《唐书•地理志》称为，“土护真水”；《契丹国志•契丹国初兴本末》载：“其地有二水，一曰北乜里没里，复名陶猥思没里，源出中京马盂山（今黑里河），东北流，华言所谓土河是也。”辽代还称其为徒河或涂河。清以后称老哈河，简称老河。“老哈”是突厥语“铁”的意思，是“辽”的正音。

老哈河主要支流之一黑里河的发源地山川秀丽，物产丰富。这里的山峦属于七老图山脉，山势跌宕起伏。黑里河水奔流在山谷中，时而湍急，时而舒缓。两岸景色变化多姿，令人目不暇接。山上林木茂盛，高大挺拔的松、柏、杉与亭亭玉立的桦、柳、杨相依相偎，枫叶、槐花与山杏、山楂、山葡萄的果实争奇斗艳，百花在浓郁的绿色中璀璨。林间飞禽走兽穿行出没，树下各色天然菌类俯首可拾。

沿着河水向下走，岸边铺展开一幅幅图画。怪石、奇松矗立，险崖、陡壁相接。那些幽深的洞窟：老虎洞、龙王洞、仙人洞、老道洞，谁曾在其中居住？自然天成的仙人桥、一线天、北凉台，大自然在多少岁月里雕琢成功？面对大自然的鬼斧神工，人类也不甘落后，打虎石水库的一泓碧水为黑里河川增添秀色，峰峦叠翠，草木蓊郁，都映照在清澈的水镜里，山岚水雾为俏丽的湖光山色蒙上一层薄纱，好像初涉世事的美少女不愿轻易展示她娇羞的姿容。打虎石这个地名与五代名将李存孝有关。实际上李存孝从来没到过黑里河一带，可这里的人们硬是把山水城池都和他联系在一起。打虎石是他年轻时用来打虎的，山上有四个清晰的虎爪印。山坡上有他一拳打出的“拳开井”。台香山上的石人是他的父亲，台香山上的古城叫望儿城，他母亲曾在那里盼望他归来。最后他在黑城就义。据考证，台香山上的古城实际上是汉代古城。台香山上还有五个石窟，开凿于辽代。五个石窟分别为响洞、马王爷洞、十八罗汉洞、无名洞和娘娘洞。五个石窟互相连通，险要处有人工石阶直达洞顶。洞里都有佛龛，有的还有泥塑佛像。无名洞外石碑上的文字已经残缺不全，依稀可辨的文字说明石窟凿于辽代。在台香山东面还有两座石窟——鸡宝山石窟和玉皇山石窟，据推测是古人类居住过的天然石洞在辽代开凿成佛窟。辽代石窟在昭乌达分布非常广泛，老哈河流域锡伯河与英金河之间有遮盖山石窟，属于石窟古寺。寺中碑文记载石窟修建于辽乾统二年

（1102），重建于金皇统三年（1143）。巴林左旗有平顶山石窟，建于辽乾统十年（1110）。

在黑里河与老哈河会合处有一座古城，就是上面提到的黑城。这座城可谓历史悠久。战国时，燕昭王北筑长城，在塞外设立五郡，其中右北平郡的治所就设在这里，称为平冈。西汉时，这里仍属边地，李广曾在此做太守，传说李广射虎的故事就发生在这里。东汉时，平冈城为乌桓所占。曹操北征乌桓曾路过此地。明初，在平冈古城里重建新城，仍是边防重地。明末清初，蒙古喀喇沁部在这一带游牧。

著名的宁城温泉在黑里河与坤兑河之间，氤氲水汽在山涧缭绕，蕴含多种矿物质的泉水给人们带来安康。

在坤兑河与锡伯河之间有秀美的马鞍山。马鞍山山光水色奇特，从西北看山峰酷似马鞍。山上奇峰怪石林立，飞瀑碧溪遍布，松柏葱郁遒劲，花草繁茂如锦。山不高，也不大，但绿水环绕，紫霭迷蒙，驻足四望，令人陶醉。

其他人文景观在老哈河流域也是数不胜数。

老哈河跨越了三条长城：秦长城、燕北长城、汉长城。起伏的山峦上长城逶迤，不见首尾。长城峰燧建筑高高耸立，至今壮观。至于王爷府邸、庙宇陵墓比比皆是。其中值得一提的是坐落在锡伯河畔的喀喇沁王爷府。喀喇沁右旗郡王兀良哈氏，远祖济拉玛（《蒙古秘史》称，者勒蔑）辅佐成吉思汗有功，被封为兀良哈部首领，历15代至苏布迪，于天聪年间附清，后被封为喀喇沁旗札萨克多罗都楞郡王。又传七代，郡王葛勒藏为康熙第五女端静和硕公主驸马，先建王府于龙山，现存的王府是康熙年间迁到此处重建的。端静和硕公主陵墓在王府北面，康熙第十三女温恪和硕公主陵在英金河支流阴河北岸。还有两座塔值得一看，辽代大明塔坐落在黑里河北岸，也是建于辽代的元宝山白塔在老哈河西岸。大明塔所在处是辽中京遗址。辽中京仿造汴京建筑，由外城、内城、皇城组成，呈“回”字形。此城历经辽、金、元、明四代，辽时辽圣宗和萧太后曾在此居住，明时朱元璋派其子朱权驻守此地。燕王朱棣与朱权争夺王位在这里激战，城池在战火里毁于一旦。

据说辽时，平地松林（千里松林）从克什克腾旗西拉木伦源头潢水源一直延伸到赤峰西南辽代松山州附近。遥想远古，这里更是山清水秀草木茂密，因而几千年的古文明在这里孕育。七千年前的兴隆洼文化遗存不仅存在于敖汉旗，在老哈河流域也广泛分布。五千年前的红山文化遗址和青铜时代的夏家店文化遗址都在老哈河流域。其后，有历史记载的文化遗址不计其数，大量的出土文物充分证明古老的老哈河、西拉木伦河同黄河一样是古人类文明的摇篮。老哈河流域水利资源丰富，因为灌溉便利，在辽代已经成为漠北著名的农业经济区。老哈河以及支流坤兑河、锡伯河、英金河、召苏河沿岸一片沃野，农田葱郁，村庄比邻。红山水库将清澈河水送往四方，浇灌着辽西万顷良田。当大地铺满金色，空气中弥漫着稻谷清香，老哈河奔腾的河水仿佛在和人们一起欢笑，还把这甜美的声音带向远方。

老哈河北是水草丰美的翁牛特草原。清代大学士李洞元在他所著的《出口程记》中描述："沿石碑河（即锡伯河）行，河发源于毛金坝（即毛荆达坝），东流归老河入海。""二十日由石碑河溯流而上，平川青草，两岸榆林，牛羊遍野。过蒙古喀喇沁王府，楼阁崔嵬，潭潭府居，与内地无异。"翁牛特草原北临西拉木伦河，南至老哈河，地势平缓，绿野无际。河水滋养草原，草原奉献丰饶，畜群在绿草与碧波间徜徉，蓝天如洗，白云轻盈，天地间洋溢着欢乐和安宁。

这条蜿蜒在翁牛特旗草原上的银色飘带，是那样恬静安详。行至白音套海苏木南端，地形突然大变，两岸石壁陡峭，河水直泻而下。这段河道仿佛七层台阶，河水层层跃下，浪花如玉，喧声如雷。河水拍击石崖的巨大声响在几里之外就能听到，因此得名响水。

响水四周峰峦叠嶂，山色苍翠，云天高远，一条晶莹雪白的瀑布挂在山崖上，水雾中不时架起虹桥，飞溅的水珠闪烁着奇异的光彩。乾隆八年（1743）雪，乾隆皇帝来这里游览，为响水赐名"玉瀑”，并且题《响水玉瀑》诗三十句。诗用满汉两种文字镌刻于响水北岸石崖上，历经200多年，字迹至今清晰可辨。近年来，这里兴建了一座2500千瓦的水电站，水电站坝高20.5米。河水依然不甘寂寞，涛声轰然，震天巨响在山谷里久久回荡。鬼斧神工的自然景色与现代混凝土大坝相映衬，别具一种韵味。

告别了响水玉瀑，老哈河匆匆向东北奔流，不远的前方，它将与西拉木伦汇合，以西辽河的名字奔腾入海。

额尔古纳河神圣的奉献

海拉尔河从吉勒老奇山西侧奔流而下，向西流的一段酷似一双长长的手臂，到阿巴该图山蓦然向东北折去，急转弯处像腕，向上舒展如张开的手掌，伸展着细长的手指。这双手托起额尔古纳大地，奉

献给悠悠岁月和茫茫天宇。人们因此将这段河流称为“额尔古纳”，意为“奉献”、“呈送”。

额尔古纳河在《旧唐书》中称“望建河”，《蒙古秘史》称“额尔古涅河”，《元史》称“也里古纳河”，《明史》称“阿鲁那么连”，清代起称“额尔古纳河”。

实际上，额尔古纳河是黑龙江的右上源，在我国洛古村附近与俄罗斯境内的石勒喀河（黑龙江左上源）相会后始称黑龙江。它的上源是海拉尔河。额尔古纳河的干流为中国和俄罗斯两国界河，左岸是俄罗斯，全长1608公里，流域面积15.8万平方公里。

额尔古纳河又被称为母亲河。她有多达1851条大小支流，上游支流较少，中下游支流较多。100公里以上的支流有19条，20～100公里以内的支流有216条，20公里以下的支流有1616条（包含海拉尔河的支流）。大兴安岭西麓的河流基本上都流入额尔古纳河。众多支流汇集如同儿女成群拥于膝下。这些支流纵横交错在大兴安岭西麓和呼伦贝尔草原上，山郁郁葱葱充满生机，草原水草丰美、人畜兴旺。额尔古纳河像母亲流淌乳汁养育儿女般为万物生生不息奉上了甘泉。这是一位美丽动人、青春永驻的母亲，那条条支流又像她摆动的蓝色衣裙，当她充满活力地舞蹈时，衣裙随着她优美的身姿而飘动。

额尔古纳河被称为母亲河还有一个原因。史书记载，成吉思汗部族的先人“蒙兀室韦”最早就生活在额尔古纳河流域。这片风水宝地在漫长的岁月里孕育了一个民族的幼年。公元八九世纪，成吉思汗的祖先孛儿赤那率领蒙古部离开额尔古纳河，到今天蒙古国境内肯特山一带游牧。当蒙古族羽翼渐丰，容纳众多游牧民族，成吉思汗统一各部族，形成了一个成熟而强悍的主体民族，势力扩展到整个大漠，建立了蒙古汗国。成吉思汗把额尔古纳流域一带赐给了他的弟弟拙赤合撒尔。此后，这里一直居住着蒙古部族。额尔古纳河岸边，根河、得尔布尔河注入之处，有一座古城遗址，人们推测这座城是拙赤合撒尔及其家族居住的城池。但据史料印证，这是一座明代古城，是明派驻的地方长官的官邸。这位长官苦列是蒙古族人，因此城池带有蒙古族建筑的风貌。

额尔古纳河是蒙古族的发源地，她始终伴随着蒙古族的成长、成熟，是蒙古族人民心中神圣的母亲河。

在额尔古纳河流域还生活着鄂温克族、鄂伦春族等少数民族。沿着额尔古纳河和它的各条支流两岸，在被河水滋养的草原、森林和耸立在河边的高山峻岭中，各族人民的生活保持着各自独特的方式，他们绚丽多姿的民族文化为世界文化增添了奇光异彩。

沿着这条河行进，只怕你会感到语言的贫乏，你只能不住地感叹美极了。整个流域水土保持状况良好，曲曲弯弯的河水夹在葱绿中，水色碧蓝，清澈见底。河道蜿蜒曲折，牛轭湖、沙洲、岛屿众多，河漫滩多成沼泽，芦苇、杂草、柳条丛生。河水流到黑山头附近，在东南岸先后汇入根河、得尔布尔河、哈乌尔河后，流量大增。在新粗鲁海图到吉拉林一段，河谷宽度减至2～3公里，处处沙洲岛屿，水深2.5米以上。在吉拉林以下，河谷变窄，只有1公里左右。两岸山峦对峙，陡峭险峻，岸上树木茂密，景色异常壮观。待到秋日，霜染层林，深红、浅红、金黄、明黄，浓绿、暗绿，在辽远湛蓝的天空和深邃碧蓝的河水间铺展，飘动的白云映在流动的河水里，活脱脱一幅色泽艳丽的现代抽象画。有些地段河流深陷峡谷中，河槽和河谷合而为一。河宽200～300米，水深在1.5米以上，河中岛屿少，河道变直，浅滩交错。清冽的激流争先恐后，不时溅起雪白的飞沫。支流与主流汇合处，冲积平原十分广阔。绿草如丝毯，百花如锦绣。河水欢腾的涛声，空中清脆的鸟鸣，林见悠远的兽啸，与松涛阵阵碧叶簌簌交织，整条河时时处处洋溢着生命的喧嚣。可那山那河那树林那草滩，又都沉默着，从远古直到今天。在这充满自信的沉默中，生命轮回着，代代不息。

牧场上的牛马羊在河边饮水，鱼类饵料来源丰富。河岸曲折，杂草灌木丛生，是鱼类的良好产卵场所。额尔古纳河共有十几种鱼类，主要有鲤鱼、鲫鱼、鲶鱼、鲈鱼、狗鱼、哲罗、细鳞、白鲑、红尾、重唇等，还产罕见的珍贵鱼类——鳇鱼与湖河性的大马哈鱼。多样而众多的鱼类和其他水生生物，又为水鸟和两栖动物提供了良好的生存环境，沿河两岸珍禽飞龙在林间翱翔，天鹅、鸿雁、野鸭、水獭等在水中漫游，有人亲眼看到与额尔古纳河相连的白音淖尔里有五六只黑天鹅。像白音淖尔这样的湖泊在额尔古纳河流域随处可见，人迹罕见的地方，肯定还会有珍贵的黑天鹅。河水边熊、猞猁、狼这类猛兽神出鬼没，黄羊、驼鹿、狍子、旱獭等也在森林草原穿行栖息。

额尔古纳河流域土质肥沃，适于植物生长，既可垦殖也可放牧。出产丰富珍贵的农产品，也培育出著名种畜。全国闻名的三河马和三河牛就产在额尔古纳河的支流根河、得尔布尔河、哈乌尔河流域。

额尔古纳河吉拉林以下河段可行驶轮船，为天然航道，便利的水上交通曾使这方水土繁荣兴盛。由于是两国界河，额尔古纳河的通航能力一度受到影响。随着中俄两国进一步的友好和迅速发展的边境贸易，额尔古纳河将对两岸中俄人民有更加杰出的贡献。

莫勒格尔河天下第一曲水

“全国第一曲水”，是老舍先生对莫勒格尔河的称喻，莫勒格尔河流域全长150多公里，然而“河无百步直”，如将弯弯曲曲的河道拉直大约上千公里不止。

莫勒格尔河发源于大兴安岭中段西北的深山老林里。在林海深处，茂密的树木遮蔽着阳光，在落叶和野草下面，涓细的泉水形成一条条溪流，丁冬欢唱着流成小河。小河汇聚起来向山下奔涌，河水清澈见底，水草、砂石和淘气的小鱼历历在目。河岸的密林无边无际，在密林间不时出现一小片草地，浓郁的绿色中闪现着五彩缤纷，那是各种叫不出名字的野花和树上的累累果实。林间还有很多不同的兽道，凶猛的黑熊，野猪，狼，猞猁，温顺的野鹿、雪兔和狍子，都在这里出没。浅滩上生长着茂密的芦苇，芦苇被称为是呼伦贝尔的第二森林。各种水鸟在那里栖息。在它们中间你常常看到高傲的天鹅、优雅的白鹤、五彩鸳鸯和其他珍禽。

莫勒格尔河大概就是一条泉水汇集的河吧。谁也说不清它有多少源头，有源头就有泉眼。有的泉眼就在草地上，无数的泉眼涌出清澈的泉水，像一条条碧蓝色小蛇蜿蜒流向莫勒格尔河。清澈的莫勒格尔河水曲曲弯弯，沿陈巴尔虎山地由东北向西南流去，经过美丽的呼和诺尔，汇入海拉尔河。呼和诺尔不大，但景色绝佳，碧蓝的湖水倒映着蓝天、青山，绿色原野环抱着湖水，远处飘着炊烟的蒙古包，游动的畜群，这幅无限开阔的图画一直伸展到天边。这一带属于莫勒格尔河中下游，地处著名的陈巴尔虎草原，水草丰美。沿着莫勒格尔河河谷，清风阵阵，夏季蚊蝇很少，被誉为最理想的牧场。

从莫勒格尔河上游向下走，岸边时时出现一些木刻楞房，窗框和窗眉上的雕刻精美讲究，建筑风格明显带着俄罗斯特征。这些散落的林间小屋给莫勒格尔河染上些许异国情调。其实沿着莫勒格尔河行进，你还会看到鄂温克人和鄂伦春人的“仙人柱”，然后是蒙古人的毡包。这里很久以来就是多民族聚居区，莫勒格尔河水滋养着这方水土，培育着这里的多民族文化。如果你去拜访这些房屋的主人，他们会热情地为你端出富有民族特色的食物。鄂温克人、鄂伦春人捧上烤好的狍子、鹿甚至熊肉，或者稠李子、酸奶和小米熬成的粥；蒙古人捧上手把肉、炒米、奶茶。夜晚，熊熊篝火旁，悠扬的歌声随着清风渐渐飘向远方，那些关于这条河和祖先、神灵的古老故事却永远留在了你的梦乡。清晨，他们一定会邀请你去看莫勒格尔河，他们领你到高处，俯瞰莫勒格尔河弯弯曲曲的柔美身姿，他们带你到不同的源头，看莫勒格尔河清澈而涓细的开端，他们为这条河骄傲。

莫勒格尔河不仅以“曲”闻名，更有趣的是它深一段、浅一段。深的地方有丈许，浅的地方河水只没过脚面。在水浅的地方常常可以看见水中铺了一层鱼，它们或静止或窜动，水面不断涌起涟漪，有时那闪亮的鱼鳍露出水面，在阳光下如一道白色闪电。一有动静，鱼群噼里啪啦地游向深处，水面一片水花。冬天，冰层还不厚的时候，如同明净的巨型玻璃板，河底游动的鱼群黑压压的，好像在和冰面上的你嬉戏。

莫勒格尔河是最适合垂钓的河流，夏季蚊虫少，垂钓者可以放心地穿着短衣裤钓鱼，不必用长袖钓鱼服武装自己。弯曲的河流处处都有最佳钓位，你放心地甩出长杆吧，丰裕的莫勒格尔河一定会给你惊喜，即使你并不老道，也会杆杆有收获。

在优美的自然景色里，人们最容易发思古之幽情，追想古人曾怎样在这里生活。向远处眺望吧，莫尔格勒河东岸的高地上，就有一片现代人的仿古建筑群落为你提供这样的场所。金帐汗旅游点的主建筑像一个大蒙古包，包内装饰古香古色，使你油然而生置身远古的感觉。人们仿造当年成吉思汗的金帐修建这个建筑，是为了纪念成吉思汗在莫勒格尔河一带的征战和功绩。清风徐来，你听不到当年的战鼓呐喊，看不到硝烟弥漫铁马金戈，周围一片静谧，小百合花盛开着，各种新鲜的蘑菇在无际的野草中一簇簇生长，年复一年，自生自灭。莫勒格尔河安静地流淌着，仿佛对所有的一切都见怪不惊。

其实，我猜如果你来到这个旅游点，可以看到具有蒙古族、鄂温克族、达斡尔族特色的民居、民俗和民族食品。真正令你感动的大概恰恰是这里安静美丽的景致，永远焕发出新的活力。

后　记

《内蒙古旅游文化丛书》是一部专门展现内蒙古独特旅游资源，集趣味性与知识性为一体的大众化旅游读物。

时值该《丛书》出版之际，恰逢内蒙古自治区党委于2013年3月提出“8337”发展思路，要把内蒙古建设成为“体现草原文化、独具北疆特色的旅游观光、休闲度假基地”。为更好地体现这一重要的发展思路，同时满足更多旅游者和广大读者的需要，2013年初，经内蒙古人民出版社提议，决定重新编撰出版《内蒙古旅游文化丛书》，为内蒙古打造“体现草原文化、独具北疆特色的旅游观光、休闲度假基地”尽绵薄之力。

此次出版的《内蒙古旅游文化丛书》由《内蒙古古塔》、《内蒙古古城》、《内蒙古寺庙》、《内蒙古清真寺》、《内蒙古自然奇观》、《蒙古包文化》、《蒙古族服饰》、《蒙古族民俗风情》、《蒙古族饮食文化》、《春天里盛开的映山红——达斡尔族风情》、《天边那绚丽的彩虹——鄂温克族风情》、《高高的兴安岭——鄂伦春族风情》、《内蒙古考古大发现》组成。此次出版，对2003年9月出版的《内蒙古旅游文化丛书》进行了调整，将原《来自森林草原的人们——达斡尔、鄂温克、鄂伦春族风情》，一分为三：《达斡尔族风情》、《鄂温克族风情》、《鄂伦春族风情》，同时，除整合《丛书》初版时的个别分册之外，还增加了《内蒙古考古大发现》一册作为《丛书》之一种。同时，每种图书，增加了大量的彩色照片。即将出版的《内蒙古旅游文化丛书》共计13册，170余万字。

经过《丛书》全体新老作者近一年的不懈努力，《内蒙古旅游文化丛书》的编撰工作已圆满完成，并再次得到内蒙古自治区宗教局等有关部门、单位的大力支持。在《丛书》付梓之际，我谨对付出辛劳的各位作者表示衷心的感谢！《丛书》的出版，得到内蒙古人民出版社领导、各汉文编辑部的大力支持，特别是武连生副总编在《丛书》的总体策划方面提出了很好的意见，付出了艰辛的劳动，在此一并表示衷心的感谢！

马永真

2013年11月

于内蒙古社会科学院